飛機縮尺插畫圖鑑

活塞式引擎篇

下田信夫／著
童小芳／譯

前言

以精湛技巧手繪而成的可愛插畫裡充滿對飛機的愛——若要簡單形容下田老師的作品，大概就是這種感覺吧。然而，正如熱衷此領域的各位早就熟知的，這類平易近人的插畫都是運用超乎想像的高難度技巧繪製而成，而我也漸漸瞭解到這一點。說句不自量力的話，我偶爾也會像這樣繪製一些可愛系的插畫，不過和我那種在沒什麼知識基礎下單純只求有趣而畫的圖不同的是，老師的作品都有豐富的知識與研究加以佐證，包括各種討人喜愛的角色與背景在內，全是採用漫畫風的表現方式，卻又內含大量資訊，是一本任何人來閱讀都能樂在其中的飛機圖鑑。

這種俗稱「美化變形式」的插畫中，也有不少作品只為了呈現出可愛感而無視構造，採用較極端的畫法。當然，這種畫法也無不可啦，不過下田老師的作法是先熟悉構造、機能甚至是歷史等，再加以誇飾或省略，努力精簡至合乎邏輯的最少線條，藉此昇華成漫畫風格，這種分寸拿捏十分到位的判斷力真令人欽佩不已。

收錄在《SCALE AVIATION》雜誌首頁的「Nob先生的飛機縮尺插畫圖鑑」單元，便是以堪稱其美感結晶般的插畫與淺顯易懂又不失詼諧的文章構成，就像是在向我這種因為對飛機愛意不足而對令人興致缺缺的機型特輯感到失望的人諄諄善誘著：「哎呀，別這麼說嘛！」，實在是難能可貴又療癒人心的篇章。

我驚聞這位下田老師已經逝世的噩耗，真是不勝唏嘘。再也看不到更多這種溫暖的畫風，實在遺憾至極。我原本還希望老師能在哪裡推出和插畫一模一樣的可愛飛機塑膠模型（當然還要附公仔），如今再也無法實現了……。

在此表達我的悲痛之情。

鳥山 明

とりやまあきら

●1978年於《週刊少年jump》發表短篇作品《奇異島》正式出道。代表作為《怪博士與機器娃娃》與《七龍珠》，兩部都改編為電視動畫作品，至今在世界各地仍廣受喜愛。此外，還操刀設計遊戲《勇者鬥惡龍》系列的角色等，除了漫畫創作外，也廣泛活躍於各領域。

Contents【目錄】

＊並列在每張插畫下的刊載月號全是《隔月刊SCALE AVIATION》（大日本繪畫／刊）中所刊載的年月。

下田信夫

●1949年出生，東京都出身。為航空新聞工作者協會的理事、模型社團松戶迷才會之成員。自1970年代開始於航空專門雜誌等處發表飛機插畫，還曾負責繪製模型資訊雜誌《レプリカ(replica)》（專攻比例模型，TAC edition）的封面。另外也有投稿圖鑑與單行本等，經手設計過航空自衛隊救難團的徽章，還負責繪製模型盒繪等。其插畫在美化變形的同時仍經過計算，溫暖的氛圍也圈粉無數，男女老少不拘。飛機自不待言，題材還含括戰車與鐵道，守備範圍十分多樣化。非常中意於《SCALE AVIATION》雜誌連載中所使用的「荻窪航空博物館館長」這個頭銜（實際上並沒有這間博物館）。喜歡的日本酒是菊姬（石川縣）。於2018年5月22日辭世。享年69歲。直至臨終前仍以插畫家之姿執筆完成繪畫工作。

萊特飛行者一號(1903)

Wright Flyer1

2004年1月號（Vol.35）刊載

100年前的1903年12月17日，萊特兄弟於北卡羅來納州小鷹鎮的屠魔崗成功完成人類第一次動力飛行。高度60m、飛行時間12秒，飛行距離為36m。萊特兄弟的本業是在俄亥俄州的代頓經營自行車廠。「飛行者一號」是萊特兄弟打造的第4架機體，其外型近似滑翔機III號。與其說是動力滑翔機，更像是電動自行車式的飛行機械。

他們最大的研究課題是要解決如何在空中取得平衡的問題。這對兄弟持續觀察於代頓上空飛翔的猛禽類，某天有了大發現：鳥類在飛行中會扭轉翅膀末端來調整平衡。把鳥類這種動作應用在飛行機械上，即所謂的翹曲機翼，是萊特兄弟的重大發明。他們緊鑼密鼓地於8月打造了一架可控制機翼、翼寬1.5m的翹曲式箱型雙翼機，並於代頓近郊的廣場上進行飛行實驗。

下一個階段便是製造可載人飛行的滑翔翼，並且確保適合該飛行實驗的用地。萊特兄弟向美國氣象局洽詢後，從幾個候補地點中選定小鷹鎮作為試飛地點。小鷹鎮是一座離代頓900km遠的小漁村，坐落於海灣與大西洋包夾的沙洲上。該鎮寬1.5km、長約8km的沙地即成為兄弟倆的實驗場，從1900年開始在此處反復進行滑翔翼的測試，利用打造到第III號的滑翔翼進行了一千多次的滑翔飛行。1903年的那一天，萊特兄弟為了預防意外發生而提出了救助申請，由海難救助本部派出5名助手趕赴現場，在13m/s的強風下協助將機體裝設於起飛用的滑軌上。其中一人受託進行飛行者一號的飛行攝影，以相機拍下這場世紀大飛行。該照片流傳至後世，成為見證人類首次動力飛行成功的照片。■

福克E系列(1916~)

Fokker E series

2013年11月號（Vol.94）刊載

第一次世界大戰前半（1915～1916年）期間，德軍的單翼戰鬥機福克E（I～IV）系列可謂戰功赫赫，令協約國聞之色變而稱之為「福克式災難」，甚至自嘲協約國的飛機是「福克的馬草（飼料）」。駕駛這架飛機的知名飛行員馬克斯・英麥曼在1915年8月1日迎擊英國軍機一役中，便是駕駛福克E.I號立下第一個戰功。

福克E系列的原型為M5的衍生型M5K——以福克公司於1914年1月購入的中古莫蘭・索尼耶H型單翼機作為參考設計並製造而成。E系列不單只是莫蘭機的仿製品，而是採用取得法國「諾姆」授權而生產的奧伯烏爾澤爾製引擎，機身構造皆有張線補強，但從木製骨架改為鋼管焊接骨架來加以強化，起落架也改成堅固的鋼管焊接框架，主翼仍為木製骨架，但增加了扭轉剛性。

福克機的秘密武器同步射擊裝置真可說是「福從天降」。1915年4月18日羅蘭・加洛斯駕駛莫蘭（L型或N型）機迫降在德軍戰線內而遭俘虜。此事讓該機「利用鋼製偏導板彈開打中螺旋槳的自射彈頭」這種非同步射擊裝置落入德軍手中，福克公司便是以此作為參考並於1週內打造出同步射擊協調器。然而，德國LVG公司的弗朗茨・施奈德早在1913年7月就已經取得這項發明的專利。福克公司因而面臨侵害專利權而遭起訴的窘境，最終在大戰結束後敗訴收場。

1架福克機E.III於1916年4月8日迫降在協約國的戰線內，福克機強大的秘密就此曝光。首先裝載同步射擊器的英國軍機索普威思1.5支架雙翼雙座機不久後便在戰線中登場，粉碎了福克機的優勢地位……。這是否就是所謂的「福禍相依」呢？ ■

Fokker E series

◀這款莫蘭・索尼耶H型機是法國的莫蘭・里昂、勞勃兩兄弟與雷蒙・索尼耶合作設計的單翼機。德國柏法茨公司取得授權生產了60架，以柏法茨E.I單翼單座戰鬥機之名獲得德國陸軍採用。上頭搭載的史賓道機槍中裝載了福克的同步機槍發射裝置。第一次世界大戰初期，德國陸軍的單翼機以國外生產居多，有荷蘭人安東尼・福克設計的福克E系列、奧地利人伊弋・艾垂奇博士開發的「鴿式」，以及源自法國的柏法茨E系列。

▶馬克斯・英麥曼是首位駕駛福克E（單翼機）的飛行員，與奧斯華・波爾克一同受到提拔，成為「福克式災難」之要角，是享有「里爾之鷹」美譽的王牌。也和波爾克同時期獲頒最高勳章「雙面藍馬克斯勳章（俗稱藍馬克斯勳章）」。1916年6月18日英麥曼與英軍FE2b機在空中交戰時中彈，在空中解體後墜機而亡。最終擊墜紀錄為15架。一邊翻筋斗一邊半側翻，接著往反方向飛行——這種流傳至今的雜技飛行「英麥曼迴旋」即是英麥曼以此機進行空戰時創造出來的。

▼這款福克M5K於1915年4月首次在機槍上裝載福克所開發的同步機槍發射裝置，後來改名為福克E.I(E1／15)，為近代戰鬥機之始祖。福克E系列和作為範本的莫蘭・索尼耶機一樣都沒有輔助翼。靠著扭轉左右機翼的「翹曲機翼」方式來進行橫向操縱，然而在這個時代，「翹曲機翼」的專利權人是美國的萊特兄弟。

▶設計師雷蒙・索尼耶於1914年7月便不斷構思結合莫蘭・索尼耶N型與霍奇克斯8.0mm機槍的同步機槍發射裝置，然而此裝置遲遲無法順利作用，遂而接受羅蘭・加洛斯的提案，於傘式單翼L型戰鬥機與單肩翼的N型戰鬥機上會遭槍彈擊中的螺旋槳部位裝設可彈開槍彈的鋼製偏導板，實現在不影響螺旋槳旋轉的情況下射擊子彈。加洛斯便是藉此設計立下戰功，迫使德軍陷入苦戰。

信天翁D.Va戰鬥機(1917~)

Albatros D.Va

2001年1月號（Vol.17）刊載

我在很久很久以前，甚至比東京奧林匹克運動會更早之前，曾購買過MARUSAN（日本玩具老店）的1/48「信天翁D.III」模型組。組裝好的D.III出乎意料地大，所以我記得那時很是驚豔。水平尾翼的左右兩側都有升降舵，外型有如美洲海牛的尾鰭。這是我與第一次世界大戰模型組的相遇。

信天翁D.III戰鬥機的始祖為D.I型與D.II型，原為一般的單張間雙翼機，但是自從紐波特11型於1916年夏天首次加入戰線後，德國戰鬥機一直以來的優勢變得岌岌可危，德軍判斷該機的高性能應該是源自於「一翼半」的主翼構造，因而採用該構造來設計德國的戰鬥機，即為信天翁D.III型。

英國空軍於1917年4月損失了368架飛機與約500名乘員，蒙受後世稱為「血腥四月」的慘重損失。造成此損失的主犯即為D.III型。然而D.III採納一翼半主翼的同時也接收了的紐波特11型的缺點：「下翼會彎曲抖動」，因此頻頻發生在俯衝時於空中解體的事故。這便是此機最大的弱點。D.III型的改良型D.V型於1917年5月登上德軍前線，外型上比之前的機身還高，機寬變窄，從巨大螺旋槳整流罩的圓形剖面到尾端處則是以橢圓形剖面構成。方向舵的上端也變圓，搖身一變成了俐落苗條的美洲海牛。至於弱點則依然只採取「俯衝限速」的消極對策，直到8月轉為製造構造強化型的D.Va型才迎刃而解。該機型採用了如「魔法」般的強化措施：於V型翼間支柱至下翼前緣處設置「交叉斜柱」以防止下翼彎曲抖動，提高了下翼的剛性。1918年4月底德軍前線總計有1751架D型機（雙翼戰鬥機），其中V型有131架，Va型有928架，可謂德國空軍的主力戰鬥機。■

索普威思 幼犬式(1916)

Sopwith Pup

2012年1月號（Vol.83）刊載

美國布林頓・埃利所駕駛的寇蒂斯雙翼機是首架成功從軍艦上起飛的飛機，1910年11月14日從伯明罕號輕巡洋艦艦首處所設置的飛行甲板上離艦。此外，布林頓・埃利又於隔年1911年1月18日駕駛著寇蒂斯雙翼機，巧妙地成功降落在正停泊於舊金山灣的「賓夕法尼亞號」裝甲巡洋艦艦尾處所設置的40m長著艦甲板上。而最早成功從航行軍艦上起飛的則是英國海軍——1912年5月於波特蘭海上舉行的英國海軍觀艦典禮中，薩姆森中校駕駛著裝配3個著水式安全氣囊的肖特S.27，從希伯尼亞號戰艦前甲板處所設置的平臺上起飛。

最早成功降落在航行軍艦上的則是英國海軍埃德溫・哈里斯・鄧寧少校，駕駛的便是索普威思幼犬式戰鬥機。1917年8月2日鄧寧少校在頂風風速21節中，並行飛於以26節航速航行中的空母「暴怒號」右舷，以側滑方式駛進從艦首設置至艦橋、長69.5m的起飛甲板，由在艦上待命的官兵徒手拽住安裝於機體各處的握環，成功著艦。之所以採取這種需要高超駕駛技術的複雜著艦方式，原因出在航空母艦「暴怒號」上。因為該艦是從高速輕巡洋艦設計變更而來的空母，起飛甲板後方緊接著艦橋與煙囪，再往後還裝配了46cm的單裝炮。鄧寧中校在此次成功後5日，於更強的頂風中如法炮製嘗試再次降落在「暴怒號」上，卻因重飛失敗導致飛機從船艦側邊翻落墜海，鄧寧溺斃以身殉職。有鑑於這次事故，於隔年1918年進行了「暴怒號」的第一次改裝：撤除後方46cm的單裝炮並設置機庫，於其上方裝設長約90m的著艦甲板。「暴怒號」之後又經過多次改裝，在第二次世界大戰中努力存活下來，於戰後的1948年除役。■

斯帕德 S.VII/XIII(1917)

SPAD S.VII/XIII

2015年1月號（Vol.101）刊載

第一次世界大戰中期以後，斯帕德公司的斯帕德VII／XIII戰鬥機成為勒內・豐克（擊落75架）與喬治・居內梅（擊落53架）等眾多王牌的座機，是法國空軍的主力戰鬥機。設計師是路易・貝歇羅，他也是德培杜辛「競賽者」（在1913年戈登・貝內特盃競賽中以當時令人驚異的速度203.85km／h刷新了紀錄）的設計師。

斯帕德A2是貝歇羅於大戰初期設計並於1915年首次飛行，沒有螺旋槳與機槍同步的機構卻能往前方射擊，是一架蘊含創意巧思的飛機。該年西班牙希斯巴諾-蘇莎公司推出的希斯巴諾蘇莎引擎與其設計者馬克・比爾基格所構思的同步射擊協調器也傳進了法國。這讓法國取得新水冷式引擎與同步協調器的技術，再加上貝歇羅採納了王牌居內梅的建議，設計出的新斯帕德戰鬥機有了很大的變化。1916年4月首飛成功的斯帕德VII構造十分堅固且速度與爬升力優異，是一款帶給資深駕駛員強烈吸引力的戰鬥機。其衍生型斯帕德XIII的原型機於1917年4月4日首次飛行，5月底便早早開始配置至飛行中隊。直到二戰結束前的這段期間，以飛鸛為象徵標誌且王牌雲集的5支飛行中隊等所有中隊所裝備的機種都從紐波特機轉換為斯帕德XIII。法國空軍在大戰期間的中隊名稱十分簡潔，是以代表裝備機體製造商的字母與中隊代號結合而成。依循此規則，居內梅所屬的飛鸛中隊N3也變更稱呼為SPA3。

容我多補充一事，據說法國的人名長度與其地位高低是成正比的，而出身名門的居內梅正式名稱為喬治・馬里・盧多維克・朱爾・居內梅。■

SPAD S.VII/XIII

◀這款於1912年初開發出來的德培杜辛「競賽者」於該年的戈登・貝內特盃競賽中創下174.01km/h的紀錄，贏得勝利。此外，水上機型也於1913年第一屆史奈德盃中獲勝。雖然平均速度才73.63km/h，卻成了史奈德盃史上唯一一架法國飛機優勝的紀錄。德培杜辛於1914年捲入財政醜聞而辭職，因此德培杜辛飛機公司(Société pour les Appareils Deperdussin)交接到路易・布萊里奧手上，公司名稱改為Société Pour Aviation et ses Derives（飛機及其相關事業公司），首字母縮寫仍維持原本的SPAD。

▲路易・貝歇羅(1880～1970)。貝歇羅從1911年起便在德培杜辛飛機公司著手開發德培杜辛單翼機。於1912年設計出斯帕德VII／XIII戰鬥機。不光是初期的法國空軍，連英國與義大利等眾多協約國的軍隊都有使用這兩款機型，分別大量生產了5600架與8472架，成了最暢銷的機種。締造如此佳績的貝歇羅卻在大戰結束才三個月後便於1919年初離開斯帕德公司。有傳聞指出，貝歇羅離職的主要原因之一是因為他太過好強又愛惹事生非。

▲斯帕德VII與斯帕德XIII的外貌極其相似。XIII型在機首的散熱器上安裝了縱向並排的百頁遮板，機槍則從1挺增至2挺。中央機翼的支柱改為倒V型來加以強化，方向舵的後緣則從垂直改為朝後方鼓起。日本陸軍於戰後的1919年自法國進口了40架斯帕德XIII，提供給於1月訪日、團長為法國福爾上校的教育團使用。當時稱為Su式13型，1921年獲得正式採用後即定位為第三名的日本陸軍機，故正式名稱為丙式一型戰鬥機。

▶這款於1915年5月21日升空的斯帕德A2是貝歇羅於大戰初期送進戰線的戰鬥機。機體是按槍手、螺旋槳、引擎、駕駛員的順序配置，未使用同步協調器也能往機首方向射擊，是一台精心設計的雙翼雙座機。共製造了100架，除了1架試製機外，有50架送往當時的俄羅斯，其餘49架則交付法國空軍。然而實用價值實在慘不忍睹，最終被束之高閣，在珍奇飛機圖鑑中留名。

卡普羅尼Ca.1(1914)

Caproni Ca.1

2013年9月號（Vol.93）刊載

義大利空軍在第二次世界大戰中大量使用薩伏伊・馬爾凱蒂SM79食雀鷹轟炸機等各種大型三引擎機，為舉世無雙又特立獨行的空軍。

這種大型三引擎機的歷史始於卡普羅尼Ca.1（公司名稱為ca.31）雙翼三引擎轟炸機——由喬瓦尼・卡普羅尼所設計並於1914年10月首次飛行，為世界首架三引擎機。

生產型卡普羅尼Ca.1是採用於中央機身搭載100hp飛雅特A.10引擎的推進模式，兩側的雙機身則各自裝配牽引式引擎，一共製造162架。隨後又製造了8架Ca.2型，將雙機身的牽引式引擎改為150hp的伊索塔・弗拉西尼V4B來加以強化。卡普羅尼Ca.1、2的中央機身前方有槍手座，緊接其後的則是並列的雙人駕駛座。推進式引擎後半部上方設置了以銅管組成的露天槍手座，使之騰空掛在螺旋槳旋轉面之上。

加入第一次世界大戰的義大利是於1915年5月24日向奧匈帝國宣戰。該年8月20日，義大利帶領卡普羅尼Ca.1、2轟炸部隊朝著奧匈帝國的軍事目標展開飛越阿爾卑斯山的長程戰略性轟炸持久戰。

Ca.3型從1917年4月起投入生產並於8月首次加入實戰，不僅十分堅固耐得住子彈，還可翻筋斗或側翻，是款運動性能優異的機體。此機將3具引擎改為150hp的伊索塔・弗拉西尼V4B來加以強化，是卡普羅尼三引擎轟炸機中最具代表性的機體。法國也取得授權生產了89架，編成2支卡普羅尼轟炸部隊。大戰結束前製造了290架Ca.3，並於1923～1925年期間以Ca.3mod之名追加生產了141架。大戰期間有19架Ca.1、Ca.3註冊為民航機，直到十二試艦戰（之後的零戰）首飛的1939年前後還有8架仍孜孜不倦地服役。■

Caproni Ca.1

◀這款卡普羅尼Ca.60是卡普羅尼公司在戰後不久的1921年試製而成的獨特機體，為航空史上首架三翼×三層的九翼機。完成當時是一架世上最大的百人座巨型飛行艇，全寬30.0m、全長22.0m、全高9.6m，總重為25.0噸。1921年1月裝載著相當於60人分量的壓艙物來代替乘客，從馬焦雷湖上離水起飛至20公尺處，不幸因中間翼組損壞而墜落。嚴重損壞的Ca.60在維修中又再次災難降臨，遭受祝融之災而付之一炬。

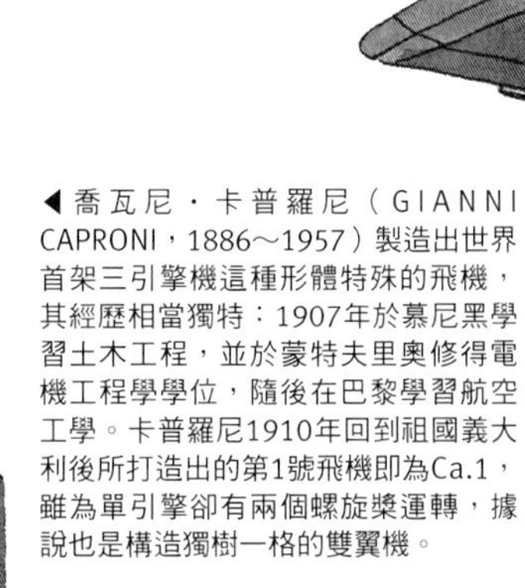

◀喬瓦尼・卡普羅尼（GIANNI CAPRONI，1886～1957）製造出世界首架三引擎機這種形體特殊的飛機，其經歷相當獨特：1907年於慕尼黑學習土木工程，並於蒙特夫里奧修得電機工程學學位，隨後在巴黎學習航空工學。卡普羅尼1910年回到祖國義大利後所打造出的第1號飛機即為Ca.1，雖為單引擎卻有兩個螺旋槳運轉，據說也是構造獨樹一格的雙翼機。

▲卡普羅尼Ca.90重型轟炸機是義大利最後一款巨型機。於1929年完成，是當時世上最大的陸上飛機，全寬46.58m、全長26.94m、總重30.0噸，機身內的彈藥庫最大可裝載8噸的炸彈，於1930年2月分別裝載了淨載重量5噸、7.5噸與10噸的彈藥，締造了六項世界紀錄。與容克斯G38和道尼爾DOX是同時期的飛機。

◀於1917年末完成的卡普羅尼Ca.4是卡普羅尼的第一款巨型機，卡普羅尼Ca.42則是其改良型，為全寬30m、全長15.1m、全高6.3m的巨大三翼機。引擎的搭載方式同卡普羅尼Ca.3，但是撤除了中央機身後方的鋼管望樓式槍手座，改移至側機身內。製作出3架Ca.4原型機後，於1918年生產了12架增造試製機Ca.41，隨後又製造23架量產型Ca.42，有6架於該年供應給英國海軍。

馬基 M.33 競速用飛行艇(1925~)

Macchi M.33

2012年9月號（Vol.87）刊載

馬基L.1是以第一次世界大戰戰事之初所擄獲的奧匈帝國洛納L飛行艇仿製而成，開啟了馬基飛行艇的歷史。L.1發展成M系列，其中於大戰末期完成的馬基M.7是一款獲得最優秀評價的戰鬥飛行艇，其後使用長達10年。

於1921年威尼斯所舉辦的史奈德盃中獲勝並進一步贏得永久保有獎盃之權的卓越功勳機即是以此機改造而成的競速機。在1922年的競賽中遭英國的超級馬林・海獅II中斷了三連霸，令義大利大失所望，甚至喪失參加1923年競賽的熱情。1923年的競賽則是由首次在該競賽中登場的寇蒂斯競速機（CR-3）勝出。

馬基公司在1925年的競賽中成為義大利隊伍的贊助商，而政府的援助卻只出借引擎，著實吝嗇。馬里奧・卡斯托蒂為這次競賽所設計的馬基M.33閃耀著銀色光輝，採用馬基公司傳統的飛行艇形式，單翼的翼梢處裝有小型浮筒，是與著名的紅色「雷霆號」神似的競速機。然而這年競賽碰上的對手實在難纏，結果M.33被駕駛寇蒂斯R3C（-2）——一般認為此機的原型是《紅豬》主角馬可・帕哥特中尉的勁敵唐納德・查克（寇蒂斯）的愛機——的詹姆斯・哈羅德・杜立德打敗，M.33的成績勉強獲得第三名，再次讓義大利灰心不已。

墨索里尼的命令為競賽注入了活力。義大利隊伍得到傾全國之力的後援，於1926年的競賽中，又以卡斯托蒂設計的紅色馬基M.39參賽，漂亮地擊敗寇蒂斯R3C-2，一雪前恥。在這之後，從1927年起的競賽，英國的超級馬林取代寇蒂斯，成為紅色馬基的對手，展開激烈的競技。 ■

Macchi M.33

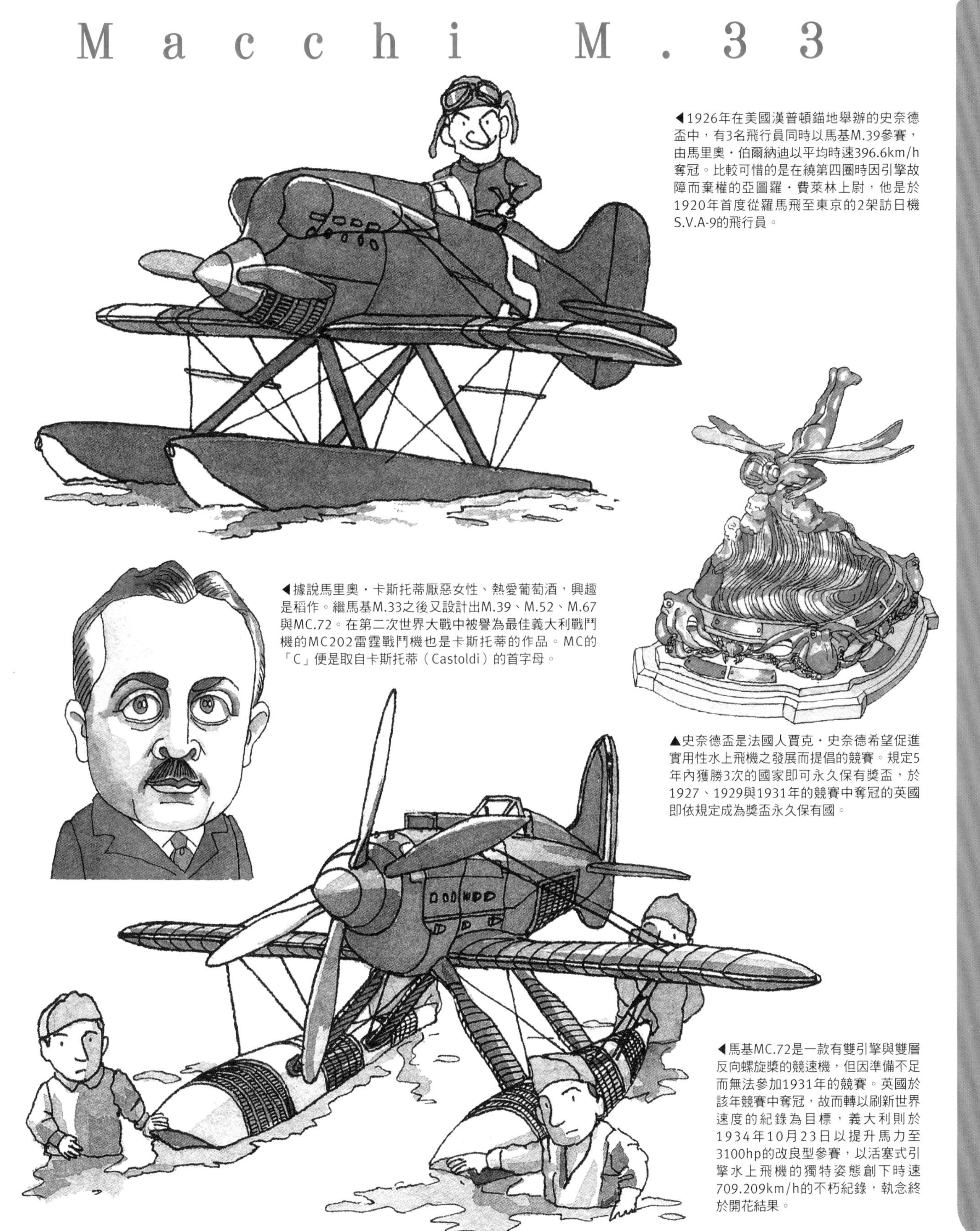

◀1926年在美國漢普頓錨地舉辦的史奈德盃中，有3名飛行員同時以馬基M.39參賽，由馬里奧・伯爾納迪以平均時速396.6km/h奪冠。比較可惜的是在繞第四圈時因引擎故障而棄權的亞圖羅・費萊林上尉，他是於1920年首度從羅馬飛至東京的2架訪日機S.V.A-9的飛行員。

◀據說馬里奧・卡斯托蒂厭惡女性、熱愛葡萄酒，興趣是稻作。繼馬基M.33之後又設計出M.39、M.52、M.67與MC.72。在第二次世界大戰中被譽為最佳義大利戰鬥機的MC202雷霆戰鬥機也是卡斯托蒂的作品。MC的「C」便是取自卡斯托蒂（Castoldi）的首字母。

▲史奈德盃是法國人賈克・史奈德希望促進實用性水上飛機之發展而提倡的競賽。規定5年內獲勝3次的國家即可永久保有獎盃，於1927、1929與1931年的競賽中奪冠的英國即依規定成為獎盃永久保有國。

◀馬基MC.72是一款有雙引擎與雙層反向螺旋槳的競速機，但因準備不足而無法參加1931年的競賽。英國於該年競賽中奪冠，故而轉以刷新世界速度的紀錄為目標，義大利則於1934年10月23日以提升馬力至3100hp的改良型參賽，以活塞式引擎水上飛機的獨特姿態創下時速709.209km/h的不朽紀錄，執念終於開花結果。

道尼爾 DoJ 鯨式(1924)

Dornier Do J Wal

2015年3月號（Vol.102）刊載

《紅豬》的時代相當於翱翔天際的「銀鯨」道尼爾DoJ的時代。德國當時淪為第一次世界大戰的戰敗國，自1921年起禁止製造飛機。道尼爾公司為了規避管制，1922年於義大利的比薩郊區設立S.G.A.P（即後來的CMASA）公司，開始研發道尼爾DoJ「Wal（鯨魚）」飛行艇。其原型機於11月6日首飛成功。DoJ鯨式全長為18.2m，大小正如其名所示，介於塞鯨與抹香鯨之間。此外，鯨式擁有為了在海上穩定機身而設的艇體水中鰭（安定翼），機體為全金屬製，為了強化構造而於機身上方部位等處使用波狀板材，打造出相當堅固的機體。此機約生產了300架，活躍於熱帶乃至於極地，作為軍用、民間的定期航班或探險飛行之用。

鯨式也作為客機活躍於當時的日本。日本透過與道尼爾公司技術合作的川崎飛機於1924年將1架當時最新銳的偵察轟炸飛行艇作為樣本機進口至日本國內，雖提供給日本海軍卻未獲得採用。然而，日本航空株式會社（川西經營）於1927年從S.A.M.L.公司進口了1架民航機，命名為「浪速號」（註冊代號為J-COJI，後改為J-BAAE），於該年8月25日起航行於大阪～別府間的瀨戶內海航線。「浪速號」是當時日本國內最大的豪華客機，然而隔年1928年10月20日在政府的補助下創立了日本航空運輸株式會社。此舉迫使川西經營的日本航空株式會社不得不解散，航線則轉移至日本航空運輸。

這款鯨式作為日本客機時最華麗的活躍表現，當屬1930年3月7日至4月期間日本航空運輸所籌畫並實施的4次福岡～上海試飛。此外，除了上述的2機外，日本還進口了2架份的民間用模組零件以供川崎組裝生產之用。 ■

Dornier Do J Wal

◀由首先抵達南極點的挪威探險家羅爾德・阿蒙森負責指揮，以2架鯨式飛行艇（N24、N25）從空路通抵北極點——此計畫於1925年5月21日進入執行階段。然而，飛至離極點不遠前的北緯87度43分之處，2機不幸雙雙迫降在海上，N24機損毀。一行人全搭上殘存的N25機，在冰上滑行後起飛。6月17日返回國王海灣。能在冰上滑行可說是堅實的「鯨式」獨有的密技。

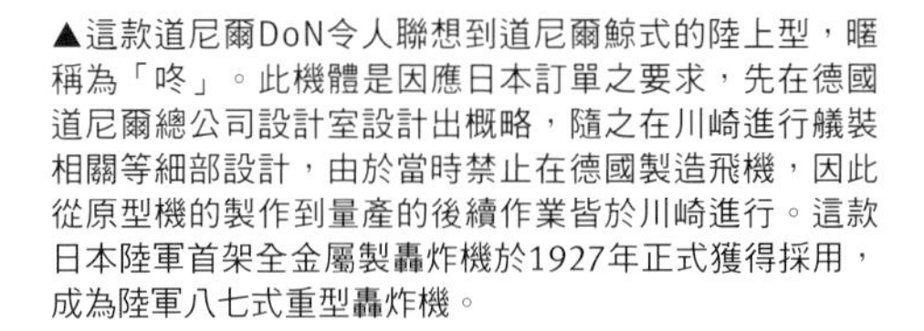

▲這款道尼爾DoN令人聯想到道尼爾鯨式的陸上型，暱稱為「咚」。此機體是因應日本訂單之要求，先在德國道尼爾總公司設計室設計出概略，隨之在川崎進行艤裝相關等細部設計，由於當時禁止在德國製造飛機，因此從原型機的製作到量產的後續作業皆於川崎進行。這款日本陸軍首架全金屬製轟炸機於1927年正式獲得採用，成為陸軍八七式重型轟炸機。

▲克勞德・道尼爾博士（1884～1969）誕生於德國的肯普田。第一次世界大戰爆發的1914年，年值30歲的他被提拔為齊柏林伯爵所設立的飛機製造部門的負責人。雖打造出RS.I、RS.II與RE.III等全金屬製大型飛行艇，但每一款都未能實用化。

▶這款道尼爾GSI飛行艇完成於第一次世界大戰結束後的1919年，並於7月31日首次飛行，備有與鯨式相同的要素與客室，於主翼上配置縱列型引擎的艇體上還裝設了鰭（安定翼）。此外，GSI的衍生型、一般認為是鯨式之母型的GSII則在半成品的狀態就被盟軍丟棄入海。

三菱 A6M2b 零式艦上戰鬥機二一型(1940)

Mitsubishi A6M2b ZERO MODEL21 [Zeke]

2001年1月號（Vol.17）刊載

海軍飛機的正式稱呼是在採用年號後面加上機種名稱，因此大正10年所採用的首款日本國產艦上戰鬥機，即稱為一〇式艦上戰鬥機。後於1929年（皇紀2589年）改訂為以皇紀年號末兩位數加上機種名稱，比方說，九九式艦上轟炸機即表示是皇紀2599年所採用的艦上轟炸機。於皇紀2600年採用的飛機若取末兩位數的表記方式，即為〇〇。為了避免過度花俏或太不合舊例，海軍在深思熟慮後得出的結論是僅取一個〇，即命名為零式（陸軍則名為百式）。

在這一年所採用的即稱為零式艦上戰鬥機。零式艦上戰鬥機（零戰）是於1940年9月13日首次登場。由13架零戰隊護航陸攻隊進攻重慶，並將在空中退避的27架敵軍戰鬥機全數擊潰，損失為零，交出漂亮的戰績。這是以具備遠距離進攻能力、大口徑火器與優異空戰能力的零戰配上熟練駕駛員所成就的壯舉。

由於零戰的翼寬與航空母艦的升降機大小勉強吻合，故而從第67號機以後進行了設計變更，讓翼梢可各往上折疊0.5m。此機型就是《偷襲珍珠港》中以「虎虎虎」為電報活躍於珍珠港事件的二一型。帝國海軍實用化的艦上戰鬥機中，大概只有此機體的主翼上有折疊機構。繼二一型之後仍隨著戰局開發出無數型式的零戰，然而大戰中期後卻陷入苦戰，終究未能升級至搭載2000馬力級的引擎。

不光是三菱，中島也有進行零戰的量產，分別生產了3880架與6218架，合計為1萬97架。然而，1998年4月飛於美國天際的大部分都是新型的零戰。據說都是在美國以俄羅斯製造的零件組裝而成。相傳當時在俄羅斯製造了3架份的零件。那麼零戰的總生產量則為1萬100架，末兩位數便成了〇〇。■

三菱 A6M3 零式艦上戰鬥機三二型(1942)

Mitsubishi A6M3 ZERO MODEL32 [Hamp]

2012年1月號（Vol.83）刊載

零式艦上戰鬥機三二型的外貌特色在於主翼，翼梢修整為矩形，在日本飛機中相當罕見。此機是作為零式一號艦上戰鬥機二型（A6M2a）的性能優化型規劃而成。引擎是搭載榮一二型的改良版榮二一型，目的是要提升高空性能與速度，螺旋槳的直徑也大了15cm。另外還廢除翼梢的折疊裝置，力圖優化其整備性與生產性。全寬縮短了1m，翼梢部位則整型為簡便的矩形即大功告成。首飛是在1941年7月15日，亦即十二試艦上戰鬥機以零式艦上戰鬥機之姿獲得正式採用的1年後。然而，眾所期待的速度卻低於計算值，還因耗油量增加而油箱容量減少導致續航距離不足這種意料外的結果。不過縮減翼梢在提升滾轉率與俯衝速限的成效獲得認可，從1942年4月起以零式二號艦上戰鬥機（A6M3）之名進入量產。

最先裝備零式二號艦上戰鬥機的是新編組的第2航空隊，1942年8月6日首次進出拉包爾。隔天8月7日即為美軍對瓜達康納爾島展開登陸作戰的日子，也是從拉包爾出機迎擊的台南航空隊王牌坂井三郎一飛曹頭部負傷的日子。

零式二號艦上戰鬥機的續航距離性能為2380km，遠遠高過敵機格魯曼F4F野貓式的1680km，然而從拉包爾往返長達2074km的瓜達康納爾島實在太遠，因此此機成了主要用於基地周邊迎擊戰的專用機。1942年秋天，海軍將正式名稱中改型機的區分代號改為「十位數字表示機體的改修，個位數字則表示引擎的改修」，結果這架零式二號艦上戰鬥機的新稱呼便成了零式艦上戰鬥機三二型。將A6M3的翼寬改回12m並恢復折疊機構的續航性能優化型二二型於該年的11月進入量產。二二型的海軍飛機代號與三二型一樣都是A6M3。 ■

三菱 A6M3 零式艦上戰鬥機二二型(1942)

Mitsubishi A6M3 ZERO MODEL22 [Zeke]

2013年3月號（Vol.90）刊載

零式艦上戰鬥機在戰事之初可謂所向無敵。無論是在中國大陸、夏威夷還是斯里蘭卡的可倫坡都戰無不勝，在澳大利亞敵方的莫爾茲比港機場還有餘裕以3機編隊上演翻筋斗。美軍甚至下達這樣的指令：「遇上雷雨或零式時撤退為宜。絕對不要和零式進行1對1的格鬥戰」。

局勢直到1942年6月5～6日的中途島海戰才出現變化。在這場海戰中，薩奇美國海軍少校構思出以2機編隊為最小戰術單位的相互支援戰法，即編組空戰戰術「薩奇剪」，並確立在實戰中的運用方式。1943年8月7日美軍登陸瓜達康納爾島時，此戰法成了美國海軍海兵隊戰鬥機隊的基本戰術，此外，美軍也透過繳獲的零戰進行性能分析，幾乎摸透了零戰的本事。再加上一擊脫離（打帶跑）戰術也變得普及，「1對1格鬥戰」早已過時，制空戰鬥變得相當棘手。不僅如此，拉包爾距離瓜達康納爾島太遠，單程就長達1050km，因此對戰爭之初的主角零戰二一型而言是相當疲於奔命的作戰。而後的零戰三二型還搭載了附二速增壓器的「榮」二一型引擎，並縮減主翼翼梢改為矩形，使得戰場顯得更遠了，因此開始迫切需要一款能解決三二型續航距離不足的機體。因應而生的改造機體於翼內增設了油箱，還恢復主翼的翼梢折疊部位。然而此舉被視為應急性的改造，海軍飛機代號仍維持A6M3，製造號碼也採用A6M3的連號。主翼同A6M2，因此十位數為「二」，引擎則與A6M3無異，因此個位數為「二」，三二型改遂成了零戰二二型；然而當時敵軍已經變得相當強勁，光靠「舊有的本領」根本行不通。■

Mitsubishi A6M3 ZERO MODEL22 [Zeke]

◀堀越二郎是全世界最優秀的零戰（即零式艦上戰鬥機）的設計師，出生於萊特兄弟首次飛行成功的1903年。1928年畢業於東京大學工學部航空系。堀越工程師是九六式艦上戰鬥機的設計師，一般認為該機讓日本海軍航空躍升至世界頂尖水準。此外，日本第一款國產局地戰鬥機「雷電」也是堀越工程師設計的。雖然緊接著投入打造本應成為零戰後繼機的十七試艦上戰鬥機，卻因研發曠日費時而未能化為戰力。

▼堀越工程師最先打造的是七試艦上戰鬥機——根據1932年實施的「航空技術自律計畫」中發佈的5款機種試製命令所打造的艦上戰鬥機。此機為日本第一款懸臂式低單翼機，但是製造出來的1、2號試製機都在測試中墜落損毀。

◀裝配於零式艦上戰鬥機二二型的「榮」二一型引擎，是一段一速增壓器「榮」一二型的衍生型，從三二型到五二型都是採用這款引擎。後期的二二型上裝配了長槍身的九九式20mm二號固定機槍，由於1924年10月變更了型式命名法，裝配此槍的機體即從零戰二二型變成零戰二二型甲。

▶零戰是藉由空運或船運的方式運送至前線基地。經由海上運送的零戰會配合主翼的上半角進行包裝。這張插畫可從製造號碼與翼梢的折疊部位看出該機為二二型。唯有三菱進行二二型與二二型甲的生產，一共製造了560架。

三菱 A6M5 零式艦上戰鬥機五二型(1944)

Mitsubishi A6M5 ZERO MODEL52 [Zeke]

2017年9月號（Vol.117）刊載

若說到在日本國內無人不曉的飛機，應該就是「零戰」吧。「零戰」是搭載於航空母艦來運用，其首要任務是排除敵方攔截機的妨礙，展開為艦攻（魚雷轟炸機）與艦爆（俯衝轟炸機）開闢攻擊路線的制空戰鬥。

1918年從英國進口的索普威思3號幼犬式戰鬥機成功從水上飛機母艦「若宮」與戰艦「山城」上特設的滑行台自力滑跑起飛，被視為日本海軍艦戰（艦上戰鬥機）之始祖。水上飛機母艦若宮與戰艦山城皆未擁有著艦用的設備，因此降落時必須飛至陸上基地，是一趟單程的飛行。三菱一〇式艦上戰鬥機被定為日本海軍首艘航空母艦鳳翔號的艦載機，並於1921年成功從艦上起降，取得了往返的門票，自此艦戰成為獨立的戰力。

1929年4月正式採用的中島三式艦上戰鬥機是一〇式艦戰的後繼機，寫下日本海軍第一個敵機擊墜紀錄。在此之後又推出九〇式與九五式的艦戰，1929～1937年中期這段期間都是中島製的時代。其後，三菱堀越工程師團隊所製造的九試單座戰鬥機於1935年首飛成功。其性能大大超越世界水準，後以九六式艦上戰鬥機之名獲得正式採用。

九六艦戰為數不多的弱點之一便是續航力不足。故而又開發出十二試艦戰並於1940年7月底正式採用。正式名稱原為零式一號艦上戰鬥機，後來改為零式艦上戰鬥機，「零戰」就此誕生。

「零戰」從空母起飛執行的最後一役便是1944年10月下達的「捷一號作戰」命令。25日由搭載於空母「瑞鶴號」的601空與653空的零戰五二型迎戰來襲的敵機。全機彈藥與燃料用盡後並未返回母艦基地，而是依循命令迫降在己方驅逐艦附近的水上，是一場單程的戰役。■

Mitsubishi A6M5 ZERO MODEL52 [Zeke]

◀此機為1918年從英國進口的艦戰始祖：索普威思3號「幼犬式」。幼犬式於1920年6月22日成功從全速航行中的水上飛機母艦「若宮」的特設滑行台上起飛；隨後又自英國進口約90架首度化為戰力的艦上戰鬥機「雀鷹」，於1921年成功從戰艦「山城」第2砲塔上所設置的特設滑行台上自力滑跑起飛。

▼海軍對中島與三菱兩方提出下期戰鬥機的需求規格，三菱據此於1934年2月打造出這款擁有1號試製機純懸臂式倒鷗翼主翼的九試單座戰鬥機，這種風格在動畫電影中登場後，讓此機成為名聞遐邇的試製機。於1935年1月完成，從2月開始試飛，展示出超越同期陸上戰鬥機的高性能。從2號試製機開始將原為下反角的中央機翼改為水平直翼，後以九六式艦上戰鬥機之名獲得正式採用。

▶在1932年1月29日爆發的上海事變中，由生田乃木次上尉（左側）率領以搭載於空母「鳳翔號」上的中島三式艦上戰鬥機所編組成的機隊，負責守衛空母「加賀號」的艦上攻擊機，在歸途上又加入與敵軍戰鬥機的空戰中並擊落1機。此為日本海軍飛機首次擊落敵機的紀錄。三式艦戰是以英國的鬥雞式鬥戰機改修成日本形式，是十分擅長格鬥戰的戰鬥機。（此事變中方稱為一二八事變）

◀三菱一〇式艦上戰鬥機的設計是出自英國工程師賀伯特・史密斯之手，卻是日本最早的國產戰鬥機，也是第一款艦上戰鬥機。日本海軍首艘航空母艦則是大正七年的年度計畫艦，也就是擁有車輪式飛機專用全通式飛行甲板的鳳翔號。1922年2月29日由三菱的測試飛行員喬丹（原英國空軍上尉）駕駛已定為艦載機的一〇式艦戰於「鳳翔號」上進行起降測試。

三菱 J2M 局地戰鬥機 雷電(1942)

Mitsubishi J2M Raiden [Jack]

Armour Modelling1999年2月號附刊（Vol.06）刊載

所謂的局地戰鬥機是日本海軍用以指稱負責阻止或擊退敵方攻擊機的攔截機，唯有帝國海軍的海軍航空隊開發並保有這種飛機。局地戰鬥機首重最大速度與爬升力，但是「雷電」誕生之際卻不盡理想。日本沒有能夠滿足其需求規格的強力戰鬥機專用引擎，因此看中離陸輸出功率為1430hp這點而選擇專為陸攻而開發中、代號變更為十三型的引擎，亦即後來的「火星」。

此機的設計是由「零戰」的設計者堀越二郎工程師所領導的團隊來負責，思考降低空氣阻力並為了如何減少正面面積而絞盡腦汁。最後得出的解決之策便是縮小整流罩的前方。還進一步採用延長軸與強制冷卻扇，並且讓低矮的擋風板與機身的位置都比之前加寬了40%，完成如黑鮪魚般的紡錘狀外形。十四試局地戰鬥機於1942年2月28日大功告成，並於該年3月20日在霞浦基地首次飛行。

然而，機身雖為紡錘狀，最大寬度與最大高度卻與陸軍的九七式重型轟炸機無異，視野不佳的問題顯而易見。不僅如此，還發現曲面玻璃會導致擋風板的視野歪扭。雖然立即展開改修，太平洋戰爭卻在此機試製期間揭幕。堀越團隊為了改造「零戰」等忙得不可開交，再加上從1942年起又開始設計十七試艦戰（即後來的烈風），受其影響而拉長了試製時程。

1943年8月十四試局戰終於名正言順成為試製雷電，雖然一再延遲，終究還是在9月進入量產。含作為主力的二一型等各種機型在內，一共生產了約500架。主打強力武裝的雷電迎擊了B-29與美軍艦載機，於日本本土防空戰中大展身手。其中又以負責首都圈防空部隊的厚木基地第三〇二航空隊的活躍表現最出色亮眼，直到1945年8月15日的那一天都還在為迎擊美軍艦載機而奮戰。 ■

中島 J1N3 夜間戰鬥機 月光(1941)

Nakajima J1N3 Gekko [Irving]

2000年11月號（Vol.16）刊載

1930年代後半歐美興起一股萬能多座雙引擎戰鬥機的熱潮——既可援護轟炸機、長程進攻、執行地面攻擊與照片偵察，還能迎擊戰鬥等。當時日本海軍迫切需要能在大陸護衛中攻隊的長程戰鬥機，故而於1938年毅然決定開發十三試雙引擎陸上戰鬥機。貪心地提出多項規格要求：與十二試艦上戰鬥機一樣採用雙引擎、與十二試艦戰相當的空戰性能及更快的速度、續航距離須媲美陸攻機，並配備連發的20mm機槍與7.7mm機槍等重武裝。

這架寄望能發揮三頭六臂大顯身手的十三試雙戰於1941年5月首飛成功。可惜後來的試飛結果不盡理想，不符合戰鬥機規定的資格而未能獲得正式採用。然而，1942年7月十三試雙戰被改造成偵察機，以二式陸上偵察機之名獲得正式採用，前往南方戰線服役。不過二式陸偵的速度大約只有500km/h，這麼一來如果對手是速度優異的海盜式或閃電式戰鬥機，根本招架不住。不久後便愈來愈少出場了。

那個時候南方戰線最氣惱的便是B-17的夜間空襲。因為在拉包爾消耗了戰力而正在日本本土重整旗鼓的二五一空司令小園中校認為應當對此加以反擊，構想出的便是傾斜式機槍。只要與敵機等速同行，傾斜式機槍便能在不修正下射擊，是無須偏離射擊的出色武器。於是立即拆除二式陸偵的電信員座位與動力槍座，各安裝2挺朝上與朝下的機槍，並於1943年5月21日黎明首次出擊。此機自以十三試雙戰之姿首次飛行以來苦熬了2年，終於在拉包爾上空相繼擊落2架B-17，立下大功。這款二式陸偵改造夜戰旋即以夜間戰鬥機「月光」之名獲得正式採用。爾後傾斜式機槍便成了日本本土防空夜戰的殺手鐧，裝配於雙引擎戰鬥機乃至於偵察機等多款機種上，但真正成功的夜間戰鬥機唯有專門打造的「月光」。■

川西 N1K1-J 局地戰鬥機 紫電(1942)

Kawanishi N1K1-J Shiden [George]

2017年11月號（Vol.118）刊載

川西飛機廠是量產九七大艇與二式大艇、日本國內唯一一家中大型飛行艇製造公司。該公司曾打造超過500架成為海軍三座水上偵察機之主力的七試水偵（即後來的九四式水上偵察機），一般認為這為其奠定了飛機製造廠的基礎。川西不光製造飛機，同時也是水上飛機的製造商，於1940年9月接獲單一公司特別命令的試製指示：打造能在戰事之初的登陸作戰中負責確保制空權的地區限定戰鬥機，即採用新機軸的局地戰鬥機十五試水上戰鬥機「強風」（N1K1）。「N」是表示新設水上戰鬥機範疇的機種代號，「K」則是川西設計公司的代號。然而太平洋戰爭卻在強風1號試製機研製途中的1941年12月8日就開打了。

日本海軍第一款局地戰鬥機雷電的實用化時程一再延宕，致使日本在占領地無局地戰鬥機可用來迎擊反抗的敵軍轟炸機。為了打破此局面，川西公司向海軍航空本部提出將強風改造成攔截用陸上戰鬥機的設計案。此案幾乎是立即獲得採納，下達紫電（N1K1-J）的試製命令（以「-J」來表示以N1K1改造而成的陸上戰鬥機型）。然而，紫電所搭載的引擎和雷電一樣是三菱火星，因此變更為當時還在試製階段的中島「RU」號引擎（即後來的「譽」）。

面對形勢緊急的戰局，川西只能在短時間內進行紫電的改造，因此明明是搭載直徑較小的譽，機身卻仍維持搭載火星時的寬度，沿用強風的主翼，布局卻原封不動採用中翼形式，導致主起落架的支柱變長——對這些都睜一隻眼閉一隻眼……。就這樣在著手改造1年後的1942年12月完成了1號試製機。專門製造水上飛機的川西公司周邊無機場相鄰，因此12月26日將紫電第1號機運至伊丹機場以進行試飛。 ■

Kyushu J7W1 Shinden

◀菊原靜男工程師。為日本海軍第一款局地水上戰鬥機「強風」以及從中應運而生的局地戰鬥機「紫電」、「紫電改」的設計負責人。1930年自東京大學工學部航空系畢業，進入川西飛機廠任職。是負責設計九七式大艇與二式大艇的飛行艇專家。戰後仍待在後來的川西「新明和」公司持續研究消波裝置與氣流邊界層，也是PS-1/US-1（擁有在洶湧海上起降之能力的飛行艇，亦為現今US-2的母型）的設計師。

▼十五試局地水上戰鬥機強風是日本一開始就作為水上戰鬥機開發而成，並於1942年4月30日在川西鳴尾工廠前的海上升空，是第一款裝配自動空戰襟翼操作裝置起飛的戰鬥機。這種空戰襟翼被實際運用在陸上機型強風與紫電上。為了避免在水上受到水花飛濺影響而改為中翼式，諷刺的是，這項巧思在改造成陸上機時卻引發起落架的問題，反而幫了倒忙。

▼完成的紫電第1號機從鳴尾川西總公司工廠前搭上平底貨船，拖曳至該公司的拖船神宮丸上，接著運送至大阪港。和十二試艦戰的差別在於，這次不用牛隻拖拉，而是以近代化的牽引車從該港牽引，等到市電末班車駛離後，挑選市內較寬敞的道路，連夜從御堂筋拉至大阪站，再經過豐中與池田，於拂曉之時平安抵達伊丹機場。1942年12月31日午後1點試飛成功。

▶紫電首飛成功約1個月後，針對於試飛中發現此機作為戰鬥機的優缺點做了一番檢討，1943年2月著手改良設計後推出的便是1號局地戰鬥機改，亦即紫電改。將中翼型改為低翼型以解決起落架的問題。試圖將莫名肥大的機身加以瘦身，駕駛視野也獲得改善。雖說是臨渴掘井，在開發紫電改的同時，還將位於阪神之間的鳴尾工廠附近的鳴尾賽馬場、兒童公園阪神公園、陸上競技場與甲子園南運動場的足球場搗毀填平，完成鳴尾機場，趕上紫電改在1944年元旦進行的首次飛行。

川西 N1K1 水上戰鬥機 強風一一型(1942)

Kawanishi N1K1 Kyofu [Rex]

2008年9月號（Vol.63）刊載

水上戰鬥機「強風」是日本海軍於1940年下單試製、日本國內第一款也是最後一款戰鬥專用的水上飛機。小型艦載水上偵察機在1937年爆發的中日戰爭中曾在攔截防空上有效發揮作用，故而構思出此機種。此機是備受期待的戰鬥機，盼其可從籌建相對容易的水上基地起飛作戰，便可在未設置陸上飛行基地的地區確保制空權。海軍於1940年對單一公司發出特別命令的試製指示，雀屏中選的便是打造出眾多水上飛機與飛行艇且成績斐然的川西公司。肩負開發第一款水上戰鬥機之責的川西公司曾在1927年製造了2架「川西K-11試製艦上戰鬥機」作為1926年一〇式艦上戰鬥機的後繼機，時隔多年才再次接到戰鬥機的試製。

從9月開始設計十五試水上戰鬥機並導入了所有新技術。採用大馬力的三菱「火星」引擎、能抵銷其強大力矩的延長軸，以及雙層反向螺旋槳。為求降低阻力，日本首度採用谷一郎東大教授研發的層流翼，用於中翼的主翼橫截面上，也是海軍飛機上首次裝備自動空戰襟翼，翼梢的浮筒也是一開始就考慮採用收放式構造。初號機的首飛是在1942年5月6日，直到完成改修等作業後，8月才移交給海軍。

這架強風一一型（N1K1）是於1943年12月獲得採用，然而因美軍在南方戰線展開反攻，日本大本營於12月31日決定從瓜達康納爾島撤退。面臨轉攻為守的戰局，「強風」已無用武之地，遂於1944年3月停產，含試製機與增造試製機在內一共生產了97架。後來承繼了海軍代號N1K，進化為陸上戰鬥機紫電（N1K1-J）與紫電改（N1K2-J）。戰爭末期的1945年6月8日，歸屬於佐世保海軍航空隊的強風「SA-125」機於五島列島海上緊急飛向正在攻擊小型船隻的美國海軍團結PB4Y-2私掠者遠程巡邏轟炸機，卻因為機關炮故障而未能加以反擊。■

三菱 F1M2 零式觀測機一一型(1936)

Mitsubishi F1M2-M2 [Peter]

2012年1月號（Vol.83）刊載

此機於皇紀2600年（1940年）獲得正式採用而稱為「零式」，是海軍飛機中數量最多的機體。「零式」飛機含括了此機三菱零式觀測機（F1M）、三菱零式艦上戰鬥機（A6M）、愛知零式水上偵察機（E13A）、執行美國本土轟炸且搭載於潛艦的空技廠（海軍航空技術廠）零式小型水上偵察機（E14Y）、少量生產的川西零式水上初步練習機（K8K）等，可謂日本海軍航空隊的「團塊世代」。

零式觀測機是著重於高空觀測著彈點的新機種。其任務是從戰艦或巡洋艦上藉艦載機彈射器推助起飛，在敵我艦隊中間的高空中排除敵方戰鬥機，同時觀測艦炮射擊的著彈點。為此，除了以往艦隊偵察機的性能外，也要求能夠與敵方戰鬥機交鋒的空戰能力。1935年2月海軍對愛知與三菱雙方發出試製指示，分別以F1A與F1M之名展開十試觀測機的研發。這個時期海軍飛機連同機種的一系列代號都開始依正式名稱與試製名稱分別命名，新機種觀測機則是以介於水上偵察機「E」與陸上轟炸機「G」之間的「F」來做區分。三菱缺乏設計水上飛機的經驗， F1M的水上穩定性不足且方向穩定性不佳都反映出這點，甚至連浮筒與垂直尾翼的設計變更也很耗時費力，儘管如此，繼1936年秋天海軍驗收愛知機後，三菱機也於隔年3月由海軍驗收。

愛知與三菱兩機都展現出難分軒輊的高性能，有鑑於是新機種，海軍進行了較長時間的審查。三菱機最終於1940年（皇紀2600年）名正言順以零式觀測機（F1M2）之名獲得正式採用。此為陸海軍1935年的試製指示組中最後一次正式採用，成為日本海軍正式採用的最後一款戰鬥用雙翼機。此機以零觀（0觀）之暱稱為人熟知，其活動舞台從太平洋戰爭初期至戰爭結束遍及太平洋全域，可說是低調的傑作機。 ■

中島 A6M2-N 二式水上戰鬥機(1941)

Nakajima A6M2-N[Rufe]

2016年7月號（Vol.110）刊載

附浮筒的機體被日本海軍稱為「木屐式飛機」，其傳統悠久的歷史源自於海軍最早的實用機莫里斯·法爾曼與寇蒂斯這兩款水上飛機。日本還將空戰訓練也導入雙座水偵飛行員（任務是於艦隊決戰時近距離偵察、巡邏、搜索並觀測著彈點）的教育中，在一二八事變與中日戰爭中擔綱防空之責，如戰鬥機般大展身手。1940年海軍又進一步發展這種用兵的可預見性，下達空戰專用木屐式飛機川西十五試水上戰鬥機（即後來的強風）的試製指示。

另一方面，為了盡快完成實用化以串聯水戰，海軍於1941年向在小型水上飛機方面經驗豐富的中島公司發出十六試水上戰鬥機（暫稱一號水上戰鬥機）的試製指示，要求將零戰改造成水上飛機，亦即後來的二式水上戰鬥機。中島公司內部是交由三竹忍工程師——在整個中日戰爭期間大放異彩的九五式雙座水上偵察機的設計師——負責，以零戰一一型為原型來著手設計與試製。讓零戰乘坐在浮筒上，並將所有水上飛機不需要的著陸裝置及其他艦上機裝備全數廢除，方向舵往機身下方延伸，同時也往上延長80mm，試圖增加舵面面積。機身後方下面追加了2片安定鰭，據說垂直穩定板的面積也比零戰增大了0.1%。從13號機開始廢除駕駛座後方的頭部保護柱。

1941年10月於群馬縣的中島小泉新工廠完成了1號試製機，但附近沒有能讓水上飛機滑走的水面，因此拆解後經由陸路運輸至執行試飛的霞浦基地。重新組裝並進行艤裝後便進入試飛階段，距離開發指示不到1年就於1941年12月8日空運至橫須賀，當天便以二式水上戰鬥機之名給海軍投入實戰。實戰方面，主要是配至尚未修建陸上基地的南洋群島，以及設於北方海域的水上飛機基地等，是作為能有效震攝美國軍機的寶貴防空戰力大顯身手的飛機。 ■

Nakajima A6M2-N[Rufe]

◀這款中島的九五式二號水上偵察機（E8N2）在中日戰爭中展開令戰鬥機甘拜下風的空戰，其母型為擁有水陸交替式著陸裝置的沃特O2U-1海盜式觀測機，是日本海軍於1929年從美國進口來作為實驗機。海軍以此機的陸上機型作為艦上戰鬥機來測試，因此日本海軍將之命名為沃特海盜式艦上戰鬥機（AXV1）。水上機型後來以九〇式雙座水上偵察機之名授權給中島生產，衍生出中島最後一款雙翼水上飛機：九五式水上偵察機。九五式雙座水上偵察機的絕佳輕快駕駛性能是承繼自AXV1的技能。

▶這款從中日戰爭（1937年7月7日～1941年12月8日）實戰教訓中應運而生的川西水上戰鬥機強風（N1K1）並非是以既有陸上戰鬥機衍生出來的改造機，而是日本唯一一款原創設計的水上戰鬥機。於1940年9月以十五試水上戰鬥機之名著手開發強風，1號試製機上是搭載當時所能取得的引擎中馬力最大的火星，裝備了雙層反向螺旋槳，於1942年5月首次飛行。2號試製機之後則改為一般的3片機翼單螺旋槳。在實用測試階段耗費時日，主打不需要機場的此機直到1943年末才以強風一一型之名獲得正式採用。此時才前進南方戰線的島嶼區為時已晚，美軍早已利用機械之力在該區建造了機場，結果面臨敵軍陸上機等在前方的不利局面。

◀以主力戰鬥機改造成水上飛機並非日本特有的專利。二式水戰升空的1941年至1944年春天期間，英國空軍一共試製了4架水戰型的噴火戰鬥機。緊接著於1944年推出的是E.6/44規範，這是一款由水上戰鬥機從湖泊或海灣起飛作戰的對日戰爭專用水戰，亦即雙噴射引擎的桑德斯・羅SR.A1戰鬥飛行艇。SR.A1採用了加壓式駕駛艙，也是第一款裝備馬丁・貝克公司製彈射椅的飛機。直到戰後的1947年7月才首次飛行，雖然是全寬13.8m、全長15.0m、總重量7,315Kg的大型機，但據說駕駛性能有別於其外型，既靈敏又便於操作。試製了3架，2架毀於事故。剩餘的1架直到1950年都還持續試飛，但最終仍於該年中止計畫。

▶名門飛行艇製造商康維爾公司所打造的三角翼F2Y-1海標式是美國製造的唯一一款噴射水戰。這款水上戰鬥機在機身後方上面搭載了兩具並排的噴射引擎，機身下方則裝備1或2片收放式起降滑板。其原型XF2Y-1的初號機裝備了兩片起降滑板，並於1953年4月9日首飛成功。從3號機開始化身為全長延長71cm且強化了引擎的YF2Y-1。海標式的飛行性能十分優秀，2號原型機於1954年8月3日在微下沉的狀態下航速突破了1馬赫。然而，當時艦上噴射戰鬥機已有極其顯著的發展，因此這項開發案於1956年告終。此為F-4幽靈式首次飛行前2年的事情。

愛知 D3A 九九式艦上轟炸機(1938)

Aichi D3A Type 99 [Val]

2015年9月號（Vol.105）刊載

第一航空艦隊是日本海軍聯合艦隊認為應當集中運用航空母艦而編製的機動部隊，陣容為第一航空戰隊「赤城」與「加賀」、第二航空戰隊「蒼龍」與「飛龍」、第五航空戰隊「翔鶴」與「瑞鶴」，以及第四航空戰隊「龍驤」與「春日丸」（即後來的空母「大鷹」）。除了第四航空戰隊外的其他3個航空戰隊都有參加1941年12月8日的珍珠港事件。由零戰二一型打頭陣，發動第二波攻擊的則是負責水平轟炸與魚雷攻擊的九七式三號艦攻，以及執行精密俯衝轟炸的九九式艦爆一一型。

由總指揮官「赤城」的飛行隊長淵田中校率領89架九七艦攻（其中40架裝設魚雷）、51架九九艦爆與43架零戰，合計133架編成的第一波攻擊隊於日本時間01點30分起飛。隨後54架九七艦攻（全機攜帶炸彈）、78架九九艦爆與35架零戰，合計167架的第二波攻擊隊於日本時間02點04分起飛。第一波攻擊隊依03點19分所發送的「突突突」電報為信號展開全軍突擊，03點22分發送用以報告奇襲成功的「虎虎虎」電報，太平洋戰爭就此揭開序幕。日軍此役無疑是「虎口拔牙」。

此次作戰是九九艦爆一一型的正式登場戰，然而發揮出其真正價值的卻是在後來的印度洋海戰（1942年4月5日）。除了2月於帛琉觸礁損傷而駛往內地的加賀號外，5艘空母的九九艦爆在未借助九七艦攻之力的情況下，以250kg的炸彈擊沉了英國空母競技神號、巡洋艦多塞特郡號與康沃爾號，據說該攻擊的命中率高達82～83%。

在1942年6月3～4日的中途島攻擊中，日本海軍的航空部隊反遭美國海軍SBD無畏式的俯衝轟炸，不但失去「赤城」、「加賀」、「蒼龍」與「飛龍」4艘寶貴的空母，還折損了無數珍貴的資深乘員。■

Aichi D3A Type 99 [Val]

◀九四式艦上轟炸機的衍生型九六式艦上轟炸機的1號試製機完成於1936年，海軍於該年向中島、三菱與愛知提出十一試艦上轟炸機的試製指示，用來作為該機的後繼機，要求搭載1枚250kg的炸彈且最高速度為370km/h。愛知先是從技術合作的廠商亨克爾公司進口了1架當時世上最快速的客機亨克爾He70，以此作為參考來進行十一試艦爆的開發，於1939年12月以九九艦上轟炸機一一型之名獲得正式採用。因此九九艦爆的尺寸與最大速度與He70極其相似，此外，九九艦爆的平面與側面形狀都與He70如出一轍。

▶海軍當局開發六試與七試特殊轟炸機（艦上俯衝轟炸機）失敗，1933年要開發八試時決定也知會並要求愛知時計電機加入。愛知從德國亨克爾公司進口了He50的出口型He66，並提出以該機來更換引擎、讓主翼後掠5度等的修整方案，展示出的性能大幅凌駕空技廠／中島的八試特爆，因此於1934年以九四式艦上轟炸機之名獲得正式採用，成為日本第一款艦爆。九四式艦爆授權生產了162架，活躍於中國戰場，但是否曾與中國空軍的He66bCh狹路相逢則不得而知。

◀這款亨克爾He50是德國空軍重建後第一款俯衝轟炸機。He50的1號原型機是於1931年首飛、名為He50aW的雙浮筒水上飛機。後續的2號原型機則是陸上機型的He50aL，其生產型即為He50A。He66是He50的出口型，於1933年出口1號機至日本，1934年夏天出口12架He66bCh至中國。He50A全寬11.50m、全長9.6m、最大速度為235km/h，b型則可搭載1枚250kg的炸彈。在德國是作為練習轟炸機，用來培訓俯衝轟炸機的乘員。

▶俯衝轟炸機的發明者不明，但可以確定的是美國在俯衝轟炸機的開發上是相當成熟的國家。原型XF8C-1於1929年首飛的寇蒂斯F8C-4雙座戰鬥機又稱為俯衝轟炸機地獄俯衝者（Helldiver），被認為是世上第一款艦上俯衝轟炸機。F8C-4全寬9.75m、全長7.92m、最大速度為220.47km/h，裝配了4挺7.7mm機槍並可搭載226kg的炸彈。此外，地獄俯衝者之名是承繼自寇蒂斯公司的俯衝轟炸機SBC與SB2C。SB代表偵察轟炸機（Scout Bomber），是從1934年開始使用的美國海軍機種代號。

中島 九七式一號艦上攻擊機(1937)

Nakajima B5N [Kate]

2014年3月號（Vol.96）刊載

1930年代可謂航空技術的革命時期。這個時期出現的飛機擁有全金屬製半硬殼式構造的機身、附襟翼的懸臂式主翼以及收放式的起落裝置，而且還採用可常保獲得最佳效率的變距螺旋槳。

在這個時代的1935年秋天，海軍對中島飛機與三菱兩家公司發出十式艦上攻擊機（魚雷攻擊與水平轟炸機）的試製指示。中島飛機是由25歲的中村勝治工程師擔任工程負責人（設計主管），從該年年底展開基礎設計，原預定搭載的引擎「榮」尚未完成，故而決定採用直徑較大的「光」。

競標對手的三菱機是固定式起落架，而中島則是採用日本軍用機中第一款收放式起落架——僅以空技廠取得的1張沃特V143原型機照片為線索，完成獨家的收放式起落架。日本國內第一款附襟翼的主翼為單樑構造，翼型則採用糸川英夫工程師設計的NN-5。風力中心位於機翼橫截面3/10之處，有橫樑通過這個位置。配置於其背後的燃料槽則是日本飛機首次使用的不完全整體式油箱。此外，還有日本軍機首次採用的向上折疊式主翼，二號試製機之後則改為利用槓桿用力往上摺疊的人力操作模式。3名於地面（飛行甲板上）、1名於機翼上，一共4名人員在無風狀態下從右翼開始進行此作業。

由於此機設置了轟炸瞄準裝置，故將魚雷與炸彈的懸吊裝置設於靠近機身中心線往右30cm處。中島十試艦上攻擊機於1937年1月18日首次飛行，進入審查尾聲的該年11月16日，看重中島機的先進性與未來性，這架世上第一款近代型艦上攻擊機得以九七式一號艦上攻擊機之名獲得正式採用。此外，三菱機也以九七式二號艦上攻擊機之名獲得採用，有好長一段期間作為輔助性的飛機。■

Nakajima B5N [Kate]

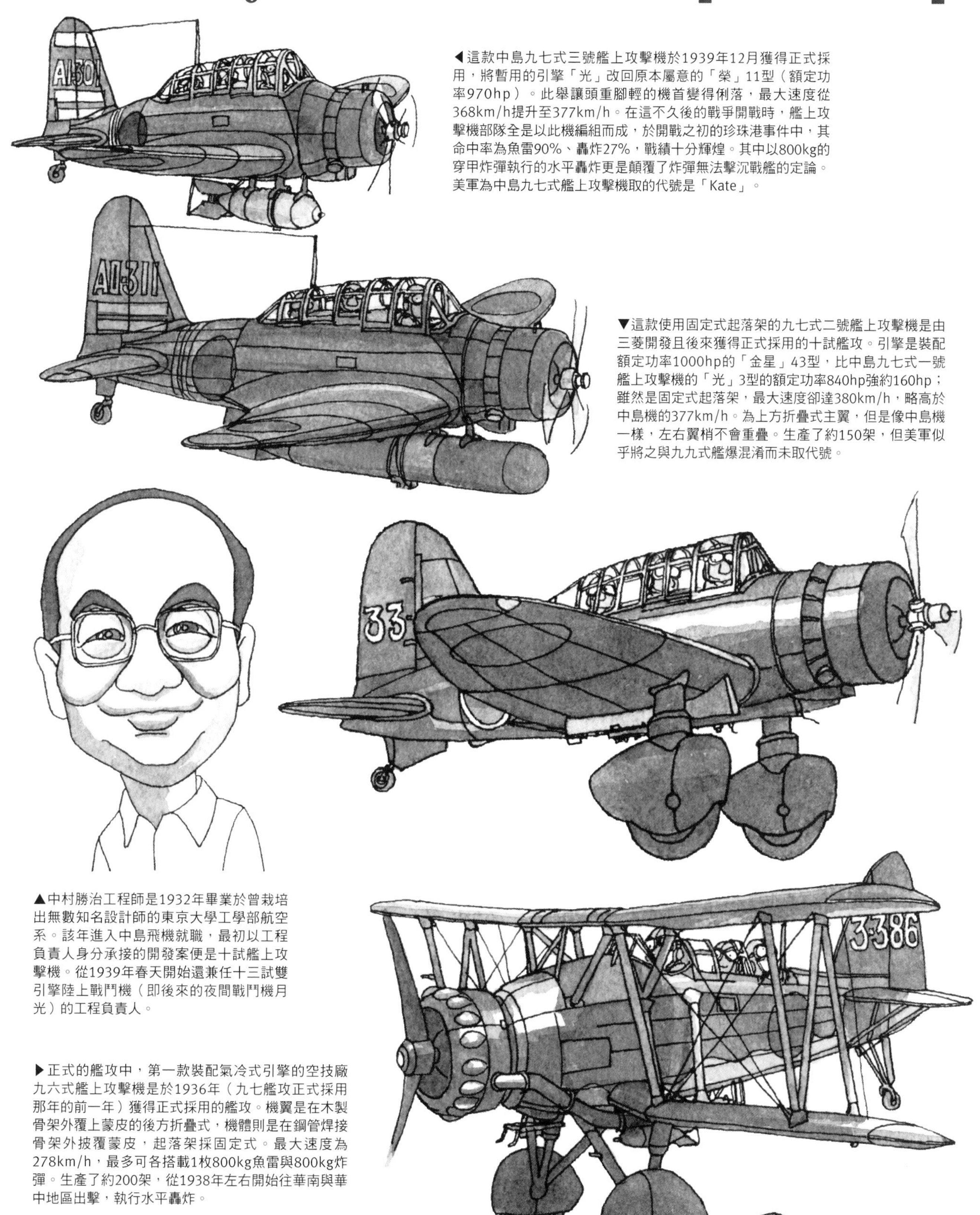

◀這款中島九七式三號艦上攻擊機於1939年12月獲得正式採用，將暫用的引擎「光」改回原本屬意的「榮」11型（額定功率970hp）。此舉讓頭重腳輕的機首變得俐落，最大速度從368km/h提升至377km/h。在這不久後的戰爭開戰時，艦上攻擊機部隊全是以此機編組而成，於開戰之初的珍珠港事件中，其命中率為魚雷90%、轟炸27%，戰績十分輝煌。其中以800kg的穿甲炸彈執行的水平轟炸更是顛覆了炸彈無法擊沉戰艦的定論。美軍為中島九七式艦上攻擊機取的代號是「Kate」。

▼這款使用固定式起落架的九七式二號艦上攻擊機是由三菱開發且後來獲得正式採用的十試艦攻。引擎是裝配額定功率1000hp的「金星」43型，比中島九七式一號艦上攻擊機的「光」3型的額定功率840hp強約160hp；雖然是固定式起落架，最大速度卻達380km/h，略高於中島機的377km/h。為上方折疊式主翼，但是像中島機一樣，左右翼梢不會重疊。生產了約150架，但美軍似乎將之與九九式艦爆混淆而未取代號。

▲中村勝治工程師是1932年畢業於曾栽培出無數知名設計師的東京大學工學部航空系。該年進入中島飛機就職，最初以工程負責人身分承接的開發案便是十試艦上攻擊機。從1939年春天開始還兼任十三試雙引擎陸上戰鬥機（即後來的夜間戰鬥機月光）的工程負責人。

▶正式的艦攻中，第一款裝配氣冷式引擎的空技廠九六式艦上攻擊機是於1936年（九七艦攻正式採用那年的前一年）獲得正式採用的艦攻。機翼是在木製骨架外覆上蒙皮的後方折疊式，機體則是在鋼管焊接骨架外披覆蒙皮，起落架採固定式。最大速度為278km/h，最多可各搭載1枚800kg魚雷與800kg炸彈。生產了約200架，從1938年左右開始往華南與華中地區出擊，執行水平轟炸。

中島 C6N1 艦上偵察機 彩雲一一型(1943)

Nakajima C6N1 Saiun [Myrt]

2003年3月號（Vol.30）刊載

彩雲是日本海軍最後一款正規的專業艦上偵察機。海軍當局長久以來的方針是以水上偵察機與飛行艇作為偵察任務的主力，航空母艦則由艦攻與艦爆兼任搜索機。在這樣的方針下，於1935年研製出十試艦偵，相當於彩雲的前代。總生產量只有2架。此機雖以九七式艦上偵察機之名獲得正式採用，卻未能量產，在那個時間點，這2架便是海軍專業艦上偵察機的總兵力。

要在有敵方戰鬥機等在前方的華中與南方戰線強行執行長程偵察，靠速度慢的水偵與飛行艇是辦不到的。因此海軍當局決定修改陸軍的九七式司令部偵察機來作為九八式陸上偵察機，並採用50架來擔綱此任務。不僅如此，海軍還於太平洋戰爭開戰隔年的1942年6月對中島公司正在研究的高速艦上偵察機N50計畫發布正式命令，以十七試艦上偵察機彩雲之名展開試製。

彩雲高速化的決定關鍵在於當時最新銳的中島「譽」2000hp引擎，以及極小型化的機身正面面積，並首度讓採用層流翼橫截面的K系列付諸實用化。主翼全寬僅12.5m，翼面載荷量超過170kg/m2，以艦上機來說，其價值可謂前所未有。此外，藉著占主翼80%的油箱與搭載於機身下方長達3.8m的投下油箱而得以達到5,300km的續航距離。於隔年5月15日首次飛行。並在試飛中創下最快653km/h的紀錄。

彩雲於1944年5月進入量產前的增造試製機時期首次加入實戰，從天寧島基地飛至馬紹爾與吉爾伯特群島的敵方基地執行拍照偵察。彩雲最後一次飛行是在1945年10月25日，為了移交給美軍而印上美軍標誌並從木更津起飛。一共交出4架送至美國本土，試飛結果最快為694.5km/h，創下日本軍用機最高速度的紀錄。此紀錄往後都不曾被打破，是日本國產實用活塞式引擎機的最高速度紀錄。 ■

三菱 J8M 秋水(1945)

Mitsubishi J8M Shūsui

2009年9月號（Vol.69）刊載

試製局地戰鬥機秋水（J8M）是日本國內唯一一款火箭機，是機身以外全為木製且無尾翼的飛機，動力是來自KR10藥水火箭引擎——利用裝在機身內油箱的甲液（大量澆淋會溶解人體）與主翼內油箱的乙液，依重量比100：36使其產生反應從而獲得推力。秋水採取的是一擊脫離戰術：先以3分30秒爬升至1萬公尺高空，再以裝備於主翼翼根處的2挺五式30mm機槍給B-29一擊，藥液用盡後再滑翔返回基地。

秋水是世上第一款火箭戰鬥機梅塞施密特Me163B的仿製品，但並非盜版機，而是日本陸海軍經過正規程序向德國航空省合法取得此機及梅塞施密特Me262火箭戰鬥機的資料。嚴谷英一海軍技術中校攜帶這兩機的資料搭乘日德聯絡潛艦第5班伊29號潛水艇於1944年4月16日從洛里昂出港，7月抵達新加坡。嚴谷中校於該地改乘飛機回國。其帶回的Me163B資料含括設計說明書、推進藥水組成說明書以及翼型座標等。僅憑這些資料便於7月20日決定由海軍與陸軍分別負責打造機體與火箭引擎。然而，攜帶著後來寄送的詳細資料從新加坡出港的伊29號潛艦於7月26日途經巴士海峽時不幸遭美軍劍魚式潛艦的魚雷攻擊而沉沒。日本僅憑之前取得的資料進行研發，12月初便早早完成1號機的機體，開發延宕的引擎也於1945年6月完成。

機體與動力俱備的秋水1號機是由犬塚上尉駕駛，1945年7月7日於海軍的追濱機場進行首次飛行，然而在起飛爬升至400m左右的高度時，因引擎停止而以滑翔方式返回起飛地點，途中又因機體失速而嚴重損毀，導致上尉殉職，結果令人不勝唏噓。 ■

九州 J7W1 十八試局地戰鬥機 震電(1945)

Kyushu J7W1 Shinden

2017年11月號（Vol.118）刊載

這種主翼前方有個小型翼的機款形似鴨子伸長脖子飛翔的身姿，故而以德語中表示鴨子的「Ente」來命名。1927年首飛的福克-沃爾夫F19完全符合此例，名稱就叫「鴨式（Ente）」。

日本則稱這種機款為前翼型。在第二次世界大戰中曾試製出美國的寇蒂斯XP-55升騰式與義大利的安布羅西尼SS4等多款前翼機。到了太平洋戰爭末期，日本本土的空襲已在預料之中，日本海軍也規畫並試製了一款前翼機「九州J7W1十八試局地戰鬥機震電」，主要目的是利用一擊必殺擊落敵方的重型轟炸機，用以挽回戰局。設計負責人便是從1942年左右開始獨自進行前翼機研究、可謂工程測試飛行員的第一人——鶴野正敬海軍技術上尉。

震電於1944年11月完成設計後，由九州飛機公司進行試製。在此的前一個月10月，海軍進行了試製機整理與事業分類，川西的陣風、三菱的閃電與中島的天雷這類計畫已全數取消。其中保留下來的震電成了日本最後的指望，可謂真正的大東亞決戰機。震電為前翼機，從機首至駕駛座後方的引擎隔壁為機身，其後方則為引擎室。主翼樑中央搭載了與局地戰雷電同一系列的HA-43型引擎，大直徑為1.34m，因此機身變得又粗又高。據說若將其機身前後對調，側面形狀和雷電是吻合的。

這款最高機密新銳機震電的1號試製機於1945年8月3日首次飛行，在放下起落架的狀態下飛行約15分鐘。因為是在福岡市內的陸軍蓆田機場（現在的福岡機場）試飛，有無數一般市民目擊其翱翔天際的身影，據說還掀起「震電已經化為戰力」的都市傳說。■

Kyushu J7W1 Shinden

▲震電的設計負責人鶴野正敬。1939年自東京帝大航空工學系畢業後便加入海軍，就任造兵中尉。隔年任職空技廠飛機部的設計師。他在這個時期以頭一個在海軍接受飛行員工程師與飛行員醫生培訓的身分，在霞浦航空隊與大分航空隊接受駕駛訓練。1942年回到設計單位，同時以飛行實驗成員的身分負責輔助工作，還累積了零戰與月光等戰鬥機、艦攻與艦爆、繳獲機P-40與A-20等的駕駛經驗。

▲福克-沃爾夫F19鴨式（Ente）。福克-沃爾夫公司的全翼機F19於1927年2月2日成功首飛，後來以前翼型的別稱「鴨式」來命名。據說這款「鴨式」在當時的世界航空業界以不會失速的飛機之姿備受矚目。順帶一提，福克-沃爾夫公司是海因里希·福克與格奧爾格·沃爾夫於1924年1月1日設立的飛機公司，然而格奧爾格·沃爾夫在此機的測試中因墜落事故而喪命。墜落原因是否是失速引起的則無從得知。

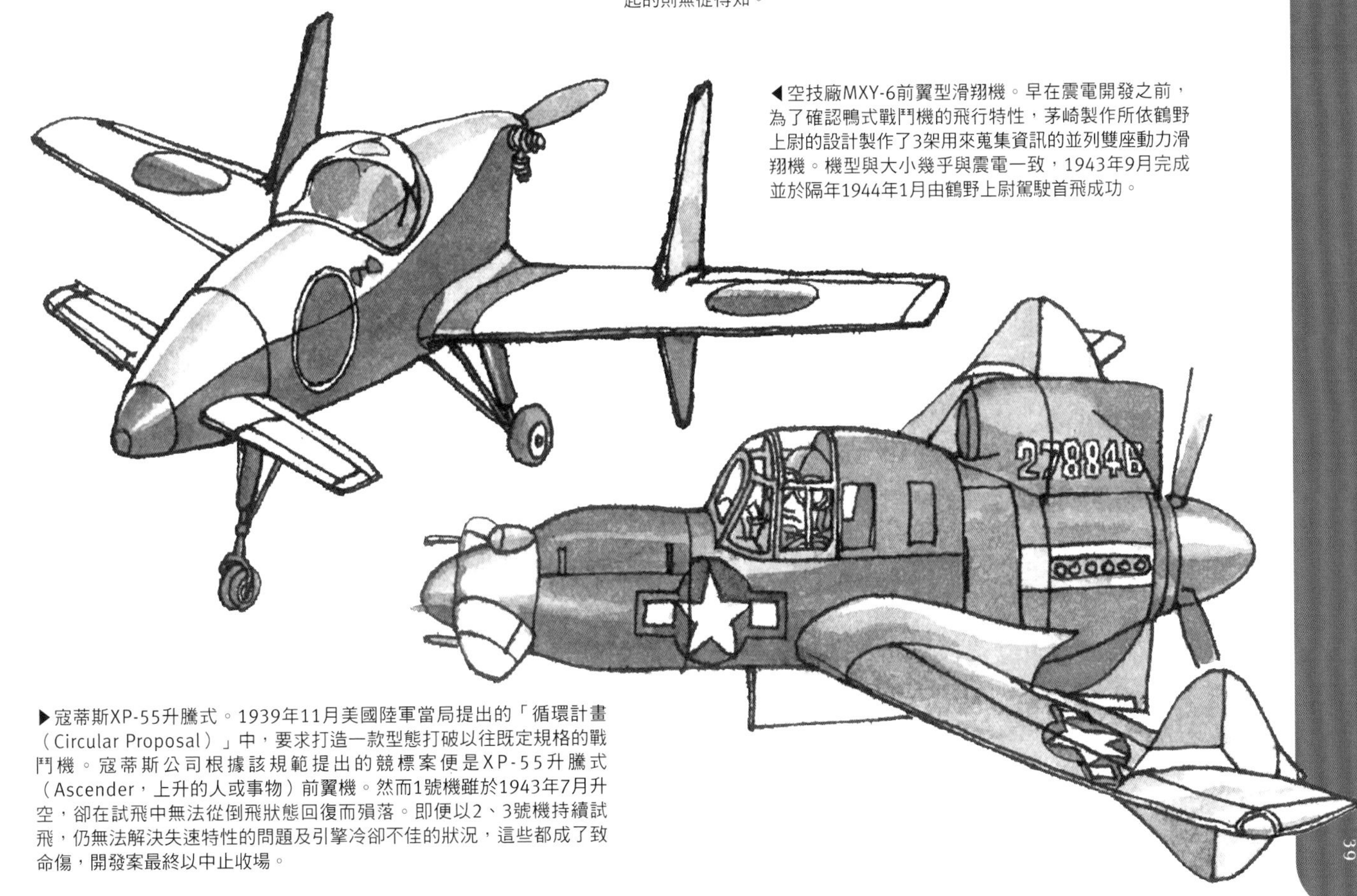

◀空技廠MXY-6前翼型滑翔機。早在震電開發之前，為了確認鴨式戰鬥機的飛行特性，茅崎製作所依鶴野上尉的設計製作了3架用來蒐集資訊的並列雙座動力滑翔機。機型與大小幾乎與震電一致，1943年9月完成並於隔年1944年1月由鶴野上尉駕駛首飛成功。

▶寇蒂斯XP-55升騰式。1939年11月美國陸軍當局提出的「循環計畫（Circular Proposal）」中，要求打造一款型態打破以往既定規格的戰鬥機。寇蒂斯公司根據該規範提出的競標案便是XP-55升騰式（Ascender，上升的人或事物）前翼機。然而1號機雖於1943年7月升空，卻在試飛中無法從倒飛狀態回復而殞落。即便以2、3號機持續試飛，仍無法解決失速特性的問題及引擎冷卻不佳的狀況，這些都成了致命傷，開發案最終以中止收場。

中島 G5N 十三試陸上攻擊機 深山(1941)

Nakajima G5N Shinzan〔Liz〕

2014年9月號（Vol.99）刊載

根據兩次的裁軍條約，日本海軍的主力艦限縮為英美噸數的6成，為了彌補這種戰力上的劣勢而採取的戰法便是所謂的「空中水雷艦隊構想」，亦即讓陸上航空兵力進出遠洋，參加艦隊決戰。此計畫因1932年的試製指示而得以具體化，九三式陸上攻擊機與九五式陸上攻擊機（大攻）應運而生。隨後開發的則是以八試特殊偵察機為母型、有「中攻」之稱的九六式陸上攻擊機。太平洋戰爭初期的1941年12月10日，此機利用魚雷攻擊與水平轟炸一舉擊沉英國引以為豪的威爾斯親王號戰艦與反擊號巡洋戰艦，立下讓前述的海軍用兵思想具現化的輝煌戰績。

十三試大攻則是於該年2月完成並於4月8日成功首飛，是以道格拉斯DC-4E運輸機（有別於後來的DC-4）改造而成的中島十三試大型陸上攻擊機，可謂海軍的期望之星。此機為搭載2枚大型航空氧氣魚雷、全寬42.175m、全長31.015m的巨型四引擎陸上攻擊機，是基於以魚雷攻擊美國戰艦之企圖開發出來的。然而，讓DC-4E變身成十三試大攻的作業並不如將商船喬裝成偽裝巡洋艦那般順利。機身經過重新設計，機首則為了確保槍手的視野而改裝玻璃，下方還新設彈藥庫，垂直尾翼從3片改為2片，結果一場大手術勢在必行。更有甚者，DC-4的低翼式到了十三試大攻卻成了中翼式，因此原本看似能直接使用的主翼也必須在機身貫通部位多加一道功夫。

試製機於1941年4月12日由海軍驗收，十三試大攻改稱為十三試陸上攻擊機深山。然而隨後進行的試飛成果不盡理想，可惜最後只試製6架便中止了。此外，戰爭末期曾短期間以4架引擎經過強化的深山作為運輸機來運用，但對戰局似乎貢獻不多。總覺得好像有點雷聲大雨點小呢……。■

Nakajima B5N [Kate]

◀道格拉斯DC-4E原本的開發名稱為DC-4。此開發計畫是由聯合航空發起的，募集到多家贊助公司各十萬美元的資金。日間42個座位、夜間30張臥鋪，是當時世上最大的陸上運輸機，於1938年6月7日首次飛行。參加此開發案的航空公司依序試用後，認為該機複雜且價格高昂不適合實際運用，提出無數改造要求，於是道格拉斯公司便另行開發實用型的DC-4。此時在原始的DC-4後面加上代表試製機的「E」，DC-4E計畫最終以造成134萬4600美元的虧損落幕。

▶這款道格拉斯DC-4E僅製作1架便告終，日本海軍卻在三井物產的仲介下，以大日本航空的名義買進這種四引擎陸上機的先進技術資料，並與中島飛機簽訂此機的授權契約。1939年10月船抵達橫濱，從駁船上卸下的DC-4E被送到東京羽田機場，這是太平洋戰爭開戰前最後一架以正規管道進口的美國製飛機。進口價格含授權費為190萬日圓，另有一說是200萬日圓。此機在羽田組裝後進行了數次試飛，之後空運至霞浦基地，在該基地的大型飛行船機庫（來自德國的戰利品）裡加以拆解，成為十三試陸攻的參考資料，從此自這個世上銷聲匿跡。

◀B-18系列是以運輸機改造而成的轟炸機，獲得大量生產，於太平洋戰爭開戰前穩坐美國陸軍主力轟炸機的寶座。此機體是以道格拉斯DB-1（道格拉斯轟炸機的略稱，沿用了DC-2運輸機的主翼與水平尾翼）為原型，改造機首、提升槍手的視野並改善空間舒適度後衍生出的機型B-18A於1937年10月升空。B-18的價格為5萬8500美元，競標對手推出的則是要價9萬9620美元的波音299型（即後來的B-17）。最後指定B-18作為B-10轟炸機的後繼機，主要因素就在於單一機體的價差。決定採用時重視產量更勝於品質。

▶陸軍丁式二型重型轟炸機是因應日本陸軍的訂單而將法爾曼公司（法國）的F-60歌利亞運輸機改造成轟炸機，為日本國內最早的重型轟炸機。改造成轟炸機的作業經由派駐法國的麥田上尉與法爾曼公司不斷協商後，將客艙改為搭載50kg炸彈的彈藥庫，100kg的炸彈則掛載於機身下方，還考慮到鐵道運輸而將主翼改成可拆解為二的設計。從1920年開始進口了10架，以6架編成飛行第7聯隊，為日本陸軍最早的轟炸隊，也是唯一一支定式二型重爆的飛行隊。

川崎 KI-10-II 九五式二型戰鬥機型(1935)

Kawasaki Ki-10-II[Perry]

2006年11月號（Vol.52）刊載

九五式戰鬥機是九二式戰鬥機的後繼機，由川崎開發並於1935年9月正式採用，為陸軍最後一款雙翼戰鬥機。九二式戰鬥機的後繼機候補原本是陸軍於1933年6月向川崎發出試製指示所打造出的KI-5試製戰鬥機。該機是在伏格工程師的指導下，由土井武夫工程師擔任設計負責人開發而成，為陸軍首架無支柱與張線的懸臂式低單翼戰鬥機。

然而公司內稱為KDA-8的4架試製機在穩定性與運動性的成績都不符合期望，陸軍於1934年9月決定不採用該機，再次分別以KI-10與KI-11之名向川崎與中島發出後繼機的試製命令。九二式戰鬥機的繼承問題又回到原點，而且還得與中島競製。

川崎為了洗刷汙名，再次任命土井武夫工程師擔任負責人來背水一戰，重視運動性與穩定性，考慮到陸軍較重視輕量與否的心思，KI-10再次選擇雙翼形式來進行開發。另一方面，中島的KI-11則是鋼索式低單翼機，近似於1932年首飛的美國波音P-26。KI-10打造了4架試製機，其中3、4號試製機是意識到對手的單翼機KI-11而打造的性能優化型，1935年9月於立川技研飛行班進行與KI-11的比較測驗中，便是由這架4號機勝出，川崎戰鬥機挽回了名譽，名正言順成為陸軍九五式戰鬥機。

此機直到1937年10月為止製造了300架，還同時展開性能優化型的開發，於1936年5月完成性能優化機第一案型，延長主翼全寬與機身，提升了格鬥性能與穩定性。以九五式二型戰鬥機之名獲得採用，從1937年6月至1938年12月為止共製造了280架。

九五式二型戰鬥機的首戰是在以1937年7月7日北京郊外的盧溝橋事變為導火線而爆發的中日戰爭中，與中國軍的格鬥士戰鬥機及I-15這些末代雙翼戰鬥機交戰。 ■

中島 KI-43-I 一式戰鬥機 隼(1938)

Nakajima Ki-43 Hayabusa [OSCAR]

2001年11月號（Vol.22）刊載

戰爭期間，日本國民家喻戶曉的戰鬥機並非「零戰」，而是陸軍一式戰鬥機隼與其宿敵格魯曼。以活躍於馬來半島、爪哇與緬甸戰線的飛行第64戰隊及其戰隊隊長加藤建夫中校為主角的電影《加藤隼戰鬥隊》於1944年3月上映，灰田勝彥所唱的電影插曲『加藤隼戰鬥隊』紅透半天邊。不光是飛機的愛好者，對大部分的日本國民而言，加藤隼戰鬥隊是日本陸軍中最著名的部隊。順帶一提，「隼」並非海軍飛機的「雷電」或「天山」這類正式的名稱，而是陸軍航空本部取的暱稱，為的是讓國民抱有親切感。

KI-43的試製是始於九七式戰鬥機獲得正式採用（1937年12月）的那個時期。陸軍當局的要求繁多，須具備與九七戰差不多的運動性能、最高速度為500km/h、爬升力為5分鐘內爬至5000公尺高空，不僅如此，還採用收放式起落架，武裝方面則須配置2挺7.7mm機槍，水準與第一次世界大戰中的戰鬥機相當。1號試製機早早於1938年12月首飛成功後，緊接著又製作10架增造試製機，持續改修以滿足要求。6號機與7號機還特地將收放式起落架改回如九七戰的固定式，卻無法符合陸軍的要求，隼（即KI-43）就此淪為無業遊民。

風向到了1940年有些微轉變，陸軍參謀本部提出的需求是可用於南方戰線、續航距離長的戰鬥機。假想敵是英國與澳大利亞的二流戰鬥機，因此即便是贏不過九七戰的KI-43也有應徵資格。其較長的續航距離正好符合安全網的需求。KI-43終於名正言順於1941年5月獲得正式採用，成為陸軍一式戰鬥機隼。隼在那之後的活躍表現請見加藤隼戰鬥隊的VTR（磁帶錄影機）。「引擎聲音轟隆～轟隆～作響……（加藤隼部隊歌的歌詞）」。 ■

中島 KI-44 二式單座戰鬥機 鍾馗(1940)

Nakajima Ki-44 Shōki [Tojo]

2005年1月號（Vol.41）刊載

日本陸軍飛機的暱稱是在公開其存在時為了讓國民有親切感而命名的俗稱，和海軍飛機的雷電與月光這類正式的稱呼有所不同。「鍾馗」也是俗稱。此鍾馗便是以「端午節」五月人偶為人熟知的那個鍾馗大神，是能預防傳染病的中國鬼神。

速度至上的重型戰鬥機KI-44是於1938年1月下達試製指示，緊接在KI-43（九七式戰鬥機的後繼機，重視空戰性能）的試製指示之後。然而最大速度600km/h/4000m以上、爬升時間為5分鐘內爬至5000公尺高空等性能的要求，都是到隼與零戰的試製機首飛之後的1939年中期才定案。開發時的癥結點在於沒有適合戰鬥機的大馬力引擎。因此決定使用當時剛完成的中島KI-49重型轟炸機（即後來的一〇〇式重型轟炸機吞龍）上所裝配的HA-41型引擎。HA-41型的直徑為1.28m，隼所裝配的HA-25型則是1.115m。雖非本意，不過機首變得肥大而緊接在後的機身則苗條纖細，全長與隼無異，結合了日本戰鬥機最大的150㎡機翼面積與小型的主翼，完成後的KI-44身姿十分精悍。

KI-44於1940年8月首次飛行。首戰則是在1942年1月的新加坡戰役，正值預告內定採用的時代。1941年11月以9架增造試製機編組成獨立飛行第47中隊，有「新選組」之稱的這個部隊曾驅逐英軍的水牛式戰鬥機等。駕駛座前方繪有赤穗四十七浪士襲擊的戰鼓，就是源自於47這個部隊號碼。KI-44於1942年9月擊敗對手KI-60，以二式單座戰鬥機之名獲得正式採用，隔年9月由陸軍省公開發表其存在，終於名正言順以「鍾馗」之名自居。從杜立德部隊執行日本本土首次空襲後直至戰爭結束為止，鍾馗大神始終作為本土防衛的主力機之一浴血奮戰，只為驅逐空襲這個外患，據說盟軍稱之為「TOJO（東條）」。■

中島 KI-84 四式戰鬥機 疾風(1943)

Nakajima Ki-84 Hayate [Frank]

Armour Modelling 1999年9月號附刊（Vol.09）刊載

KI-84陸軍四式戰鬥機疾風於太平洋戰爭末期的1944年4月獲得正式採用。搭載當時世上獨一無二的小型2000hpHA四五引擎（與海軍的譽同引擎），是根據「須兼具KI-43隼的續航距離與KI-44鍾馗的速度與爬升力，以及強大武裝與有效的防彈裝備」之要求開發而成的戰鬥機。

時至1944年，海軍的強風與烈風本應成為拯救窮途末路的日軍擺脫困境並一舉逆轉的神風，不料卻毫無暴風的跡象，水波不興。在這種局勢中登場的疾風被視為無可取代的陸軍飛機，打著備受期待的「大東亞決戰號」之招牌優先投入生產。其面面俱到的高性能與西方的北美航空P-51野馬式並駕齊驅，實力足以接受表揚。

再加上疾風的設計重視量產性，比起KI-43隼的2萬5000小時與KI-44鍾馗的2萬4000小時，工時大幅減少至1萬4000小時，在接連不斷的空襲中直到戰爭結束的短期間內量產了約3500架，僅次於零戰與隼，數量驚人。然而量產機卻深受工人技術能力低落、材質惡化，以及太急於量產而品質管理水準不佳之苦。更有甚者，實戰部隊只能取得低辛烷值的燃料、滑跑路面整備不良，再加上駕駛員的技術不佳等種種惡劣條件不一而足，導致稼動率低落。不幸淪為故障頻發而經常無法上場的「東橫綱」飛機。儘管如此，疾風於戰後接受美國的評價測試，結果獲得「第二次世界大戰中日本最優秀的戰鬥機」之認證，仍是值得大書特書之事。

疾風的原意是突然颳起猛烈但幾分鐘或1小時左右便停歇的風（出自《大辭林》），而戰鬥機的疾風也不是吹不停的風，而是宛如陣風般稼動率低落的飛機。■

川崎 KI-61 三式戰鬥機 飛燕(1941)

Kawasaki Ki-61 I Hien [Tony]

2017年3月號（Vol.114）刊載

日軍在太平洋戰爭中唯一一款投入實戰的液冷式戰鬥機是由設計負責人土井武夫工程師與大和田信助理工程師搭檔設計而成，即活躍於帝都防空戰中的川崎KI-61陸軍三式戰鬥機飛燕。只因為三式戰飛燕所裝配的引擎與梅塞施密特Bf109相同，就有些一知半解的人稱之為「和製梅塞施密特」或「Bf109的仿製品」，然而飛燕是採用起落架間預留充分空間的外側收放式起落架，有別於Bf109的內側收放式。液冷式飛機最關鍵的是冷卻液與潤滑油的散熱器，一起設置於機身中央部位的下方。從這些特徵足以說明飛燕與Bf109是截然不同的飛機。

KI-61的1號試製機是川崎獨創的戰鬥機，完成於1941年12月，12日裝配了前一個月才剛結束性能測試的HA-40型1號引擎，由川崎的片岡駕駛員在各務原機場升空。其性能凌駕在同時開發的重戰KI-60之上，在與梅塞施密特Bf 109E的比較測試中，無論速度還是格鬥性都取得壓倒性的勝利。

KI-61奇蹟似地趕上太平洋戰爭可謂天佑日本。1942年（皇紀2603年）6月，KI-61終於名正言順以陸軍三式戰鬥機之名獲得正式採用。每日新聞社於1942年10月頒發「日本號紀念長尾航空技術獎勵金」給KI-61的設計團隊，隔年1943年12月12日又將陸軍技術有功獎分別頒給設計負責人土井武夫工程師與大和田信助理工程師。

只可惜好事多磨，到了這個時期，最關鍵的液冷引擎HA-40型的不良品日增，據說到了1944年10月已有多達250架「無頭飛燕」並排在各務原機場排隊等候搭載引擎。事已至此，飛燕氣冷化計畫遭到毅然撤換，後來成了陸軍最後一款正式戰鬥機：五式戰鬥機。■

Kawasaki Ki-61 I Hien [Tony]

◀於1928年（皇紀2688年）舉辦的陸軍甲式四型戰鬥機的後繼機試製競賽中，與中島、三菱機一同參賽的川崎機就是這款KDA-3試製戰鬥機。此機是川崎最早的戰鬥機，製造了3架，裝配BMW-6（450hp）引擎的1號機於各務原升空，卻在4月1日因著陸意外而損傷。關鍵試製競賽的結果是由中島機接受二次測試，後以九一式戰鬥機之名獲得正式採用。

▶1940年初針對是否正式採用中島KI-43戰鬥機進行了評價測驗，KI-43即便化為戰力，速度與武裝都明顯不如列國的新銳戰鬥機。因此陸軍當局為了克服此事態而從德國進口了液冷式戴姆勒-賓士DB601引擎，並向川崎發出新一代戰鬥機的試製指示，要求以最大速度600km/h為目標。承接此令的川崎製造了3架KI-60試製重型戰鬥機，其1號機完成於1941年3月。

◀1943年12月首飛成功的KI-64試製高速戰鬥機是一款直排雙引擎的飛機，以進口的DB-601引擎國產化而成的HA-40型配置於駕駛座前後呈直排布局。若按計算將有2200hp（1100hp×2）的輸出功率，預計可輸出的最大速度約為700km/h。之後川崎開始研製拆除前方引擎僅留後方引擎的KI-88試製戰鬥機，卻在1943年10月即將進入最後組裝作業前收到軍方當局的命令而終止。

▶這款KI-61-II改是KI-61飛燕的性能優化型，目標在於將動力改裝成1250hp的HA-140型以求大幅提升速度與爬升力。然而HA-140型的生產延遲，「無頭飛燕」不斷增加。軍方當局為了因應此事態而於1944年10月發布命令，要求改裝三菱製的氣冷式引擎HA-112-II「金星」。氣冷式飛燕KI-100於1945年1月完成，並於2月1日首飛成功，成為陸軍最後一款正式戰鬥機五式戰鬥機，但來不及進入取暱稱的階段。

川崎 KI-100 五式戰鬥機(1945)

Kawasaki Ki-100

2009年5月號（Vol.67）刊載

川崎製單引擎機的歷史始於陸軍乙式一型偵察機，含民間飛機在內全是搭載液冷式引擎，只有1架除外。那架唯一例外的飛機就是1945年採用的川崎KI-100，亦即陸軍五式戰鬥機。其母型為1943年6月獲得正式採用、陸軍唯一一款液冷戰鬥機——川崎KI-61陸軍三式戰鬥機飛燕。

飛燕於1943年春天一投入中部紐幾內亞戰線便暴露了不可靠的一面。在火力不足方面雖然採取了「於主翼搭載以潛艦從德國進口的20mm毛瑟炮」這種強化武裝的策略，但問題還是出在引擎。儘管航空審查部提出了應改為氣冷式的方案，卻仍持續開發與量產搭載新液冷引擎HA-140型的KI-61-II與KI-61-II改（即後來的II型），即便完成KI-61的機體，要搭載的引擎卻不齊全，結果出現大批無頭的飛燕。直到1944年10月無頭飛燕多達250架，當局才心不甘情不願地下訂KI-100（以KI-61-II改來裝配HA-112-II引擎）。

KI-100的問題則是在於用直徑1218mm的HA-112型來匹配840mm的機身。因此參考了1943年用潛艦從德國進口的Fw190A-5戰鬥機，分別於整流罩後方兩側設置單排排氣管，期待有排氣推力的效果，這項設計於12月完成。隔年1945年1月便完成第1號試製機，整個開發作業一氣呵成。完成的KI-100速度比KI-61-II改還慢，但其他性能良好且實用性大增，實屬成功之作。軍方當局對此成果態度丕變，於1945年2月以KI-100作為五式戰鬥機正式採用。對其存在一直保密到戰爭結束後，公開發表時也未發表暱稱。加藤隼戰鬥隊（飛行第64戰隊）的義肢王牌檜與平少校1945年7月16日便是以此機在伊勢灣上空擊落1架P-51D，成為其自身最後的戰績。■

川崎 KI-45改 二式雙座戰鬥機 屠龍(1941)

Kawasaki Ki-45 Toryu [Nick]

2008年9月號（Vol.63）刊載

日本陸軍機的名稱含括了以從1926年開始使用的皇紀年末兩位數與機種名稱組合而成的正式名稱、於1933年訂下的KI編號（無關乎設計公司或機種的一貫性編號），還有公開發表其存在時所命名的俗稱。因此，此機的戶籍是依照試製指示針對第45號機體做一番大改造，並於皇紀2602年獲得正式採用的雙座戰鬥機，俗稱屠龍。

KI-45的開發是始於1937年3月日本陸軍對川崎發出的KI-38試製指示。然而KI-38卻以紙上計畫告終，再次發展此機的KI-45雙座戰鬥機試製指示則是於該年12月底發給了川崎。1939年1月雖然完成了1號試製機，卻因搭載的引擎運轉不正常、機艙失速，再加上陸軍對雙引擎雙座戰鬥機的方針搖擺不定，KI-45最終未獲得採用，不得見天日。然而陸軍搖擺不定的方針也有回心轉意的時候——於1940年8月下達了KI-45改的試製指示，要求對KI-45進行大改造。

1941年9月完成1號試製機，並於該月以陸軍第一款重戰之姿賦予了二式雙座戰鬥機的正式名稱，立即在岐阜工廠投入生產。最初的量產型為KI-45改甲，主要任務是和敵方的戰鬥機與轟炸機在空中交戰，武裝為機首的2挺12.7mm機槍、機身下方1門20mm機關炮以及後上方1挺7.7mm旋轉式機槍。隨後的KI-45改乙則是能夠執行地面攻擊的武裝強化型，機首有1門20mm的機關炮，機身下方的機關炮則改為37mm。

屠龍在日本本土的防空戰也很活躍。為了迎擊B-29而首次於KI-45改丙上搭載朝上斜射的20mm機關炮，朝上斜射槍與海軍的傾斜式機槍是同類型的固定槍（炮）。KI-45丁則是連機身下的機關炮與後上方的旋轉式機槍都遭廢除，成了機首處有1門37mm機關炮與2門20mm朝上機槍的夜間戰鬥機。■

三菱 KI-109 試製特殊防空戰鬥機(1944)

Mitsubishi Ki-109 Prototype Special Air Defense Fighter

2010年9月號（Vol.75）刊載

KI-109以全寬22.50m、全長17.95m的大小著稱，是最大型的日製戰鬥機。武裝則搭載了1門75mm的機炮，這也是日本飛機中空前絕後的大口徑機炮。

KI-109是陸軍於太平洋戰爭中期為了對抗敵機B-17、B-24等大型轟炸機的防彈裝備所規劃的防空戰鬥機。1943年當時還在測試中但作為大型機運動性良好的三菱KI-67雀屏中選，成為後來的四式重型轟炸機飛龍，11月三菱又接到以KI-67加以改造的初次試製指示。KI-109甲是裝配2門HO204型（37mm）向上炮（傾斜式機槍的陸軍稱呼）的巡邏防空戰鬥機，打算與搭載了電波標定機（雷達）與40cm機上照空燈（探照燈）的KI-109乙組成隊，以「獵殺者」之姿迎擊敵方的重型轟炸機。

然而，隨著擁有優異防彈裝備與防禦火器的B-29出場，該計畫只得重新評估。課題在於能否從敵方防禦火器的射程外一舉射中；最後決定於機首搭載地上部隊用的八八式75mm高射炮，由副駕駛員一發發填裝再發射，問題才迎刃而解。於1944年8月完成第1號機。從1944年末開始以1號原型機與2號原型機嘗試迎擊演練，但是沒有增壓器的機體追不上能飛行超過8000m的B-29，而75mm的高射炮又無法作為向上炮來裝配，於是擁有高射炮出色命中率的KI-109的任務便從防空轉為艦船攻擊。

到了戰爭末期，以此機組成的飛行第107戰隊中有一部分移動至朝鮮的大邱，負責關釜聯絡船的護衛與巡邏。以前在我家附近的壽司店經常會遇到一位吳服店的老太爺，聽說他在戰時就是這個部隊的隊員，駕駛KI-109在朝鮮海峽上執行巡邏護衛的任務。不過說來真不好意思，我因為喝醉而不記得細節了……。■

三菱 KI-83 遠距離戰鬥機(1944)

Mitsubishi Ki-83

2009年11月號（Vol.70）刊載

雙引擎雙座長程戰鬥機KI-83是陸軍在太平洋戰爭開戰前的1941年5月向三菱發出試製指示的機體，可在南方作戰中掩護長程進攻的重型轟炸機。遠距離戰鬥機KI-83特別要求寬大的行動半徑、高速的性能、擊潰敵方戰鬥機的強大武裝與重要部位的裝甲。這個時期在歐美的雙引擎戰鬥機界中，英國德哈維蘭的蚊式轟炸機首次飛行，美國則開始量產洛克希德P-38閃電式戰鬥機。KI-83的開發就是在這樣的情勢之下展開，並由負責設計KI-46百式司令部偵察機的久保富夫工程師來擔任設計負責人。

在1942年4月進行的第1次全尺寸模型審查中，根據多位陸軍戰鬥機駕駛員的實戰教訓等修改了計畫，直到1943年7月8日才將新的性能要求交付三菱。1號試製機是裝配附排氣渦輪HA211-RU型引擎的單座戰鬥機型，於1944年10月完成。

在隔月11月18日展開的試飛中，於5000公尺高空創下655km/h的紀錄，然而隨著戰局的變化，眾所期待的KI-83將服役舞台轉為在高空迎擊長驅襲來的B-29。然而直到戰爭結束只完成到4號機，共4架。而且2號機在社內試飛中發生事故，3、4號機則因空襲而毀損，高速戰鬥機終究是虛幻一場。

唯一倖存的KI-83的1號機在戰後疏散的松本機場交付美軍，與其他日本飛機一同送至美國，但據說1948年5月以後便遭廢棄處理了。此外，陸軍對川崎發出巨型4引擎重爆KI-85（在執行長程進攻之際或許可和KI-83組成強大搭檔）的試製指示，其開發雖於1942年末進展到實體模型審查階段，卻在1943年5月決定中止試製。海軍大型陸上攻擊機G5N1深山以期待落空的失敗之作收場，而這款KI-85則可說是陸軍版的虛幻機體。■

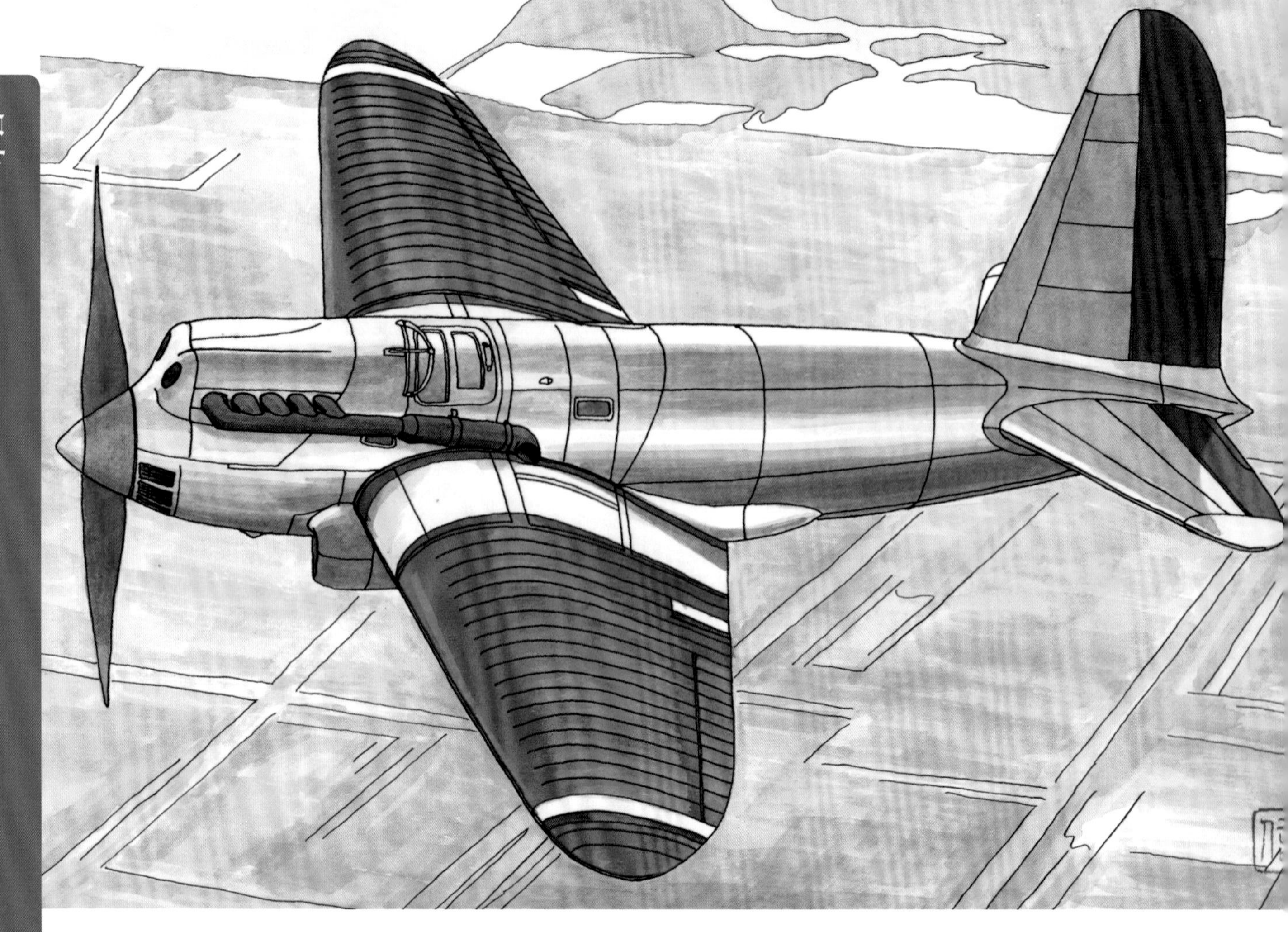

東京航空研究所試製長程機 航研機(1937)

Koken Long-range Research-Plane

2004年9月號（Vol.39）刊載

航研機是東京帝國大學航空研究所打造的飛機，以締造11651.011km繞圈續航距離的世界紀錄而為人所知。紀錄飛行之際是由陸軍航空技術研究所的藤田雄藏少校（主駕駛員）、高橋福次郎上士（副駕駛員）與關根近吉技術員（飛航工程師）搭乘，從1938年5月13日至15日，依循木更津～銚子～太田～平塚～木更津的繞圈路線飛行了29圈。此紀錄是日本飛機創下的唯一一項FAI（國際航空聯盟）公認紀錄。航研機雖然是名留後世的名機，卻沒有正式名稱。FAI寄來的世界紀錄證書上也是寫著monoplane "Koken Long Range"。

這項以世界紀錄為目標的長程紀錄機開發計畫是某位提案者於1932年發表的。據說這對掌管基礎研究的航空研究所而言實在是晴天霹靂，該計畫簡直是燙手山芋。然而這個時間點該案已向文部省提交申請並取得非正式承諾，當然也無法繳回預算。計畫雖然啟動了，提案者卻被貶至滿州。

1934年取得陸軍的協助後便展開長程機的製作。引擎是向陸軍借用BMW-9，連測試飛行員都能請陸軍派員。問題在於機體的製作，最後由東京大森的東京瓦斯電氣工業株式會社承接。1937年4月完成的航研機於該年5月25日由陸軍的藤田少校駕駛，在羽田機場首航成功。

達成世界紀錄後，航研機的研究飛行仍持續進行，最後以1938年11月29日的第83次飛行為研究畫下句點。2個月後，駕駛義大利製I式重型轟炸機從各務原飛往中國漢口的藤田少校與高橋准尉迫降在敵區，最終戰死。再過半年後，義大利以薩伏伊-馬爾凱蒂SM82PD袋鼠三引擎運輸機改造而成的長程機便打破了航研機的紀錄。戰爭結束後，航研機便被盟軍埋進羽田的鴨池裡。 ■

頑固又幽默的人 下田信夫先生的 二三事

2012年6月完成航空自衛隊飛行檢修隊委託的徽章設計並在該發表會上現身的下田先生。在隊員面前演講時說著「請大家好好愛護它」，對自身作品的情感表露無遺，令人印象深刻（三井）。

我第一次看到下田先生的插畫應該是在1970年代的《航空情報》雜誌上，其實我也記不太清楚了。這是因為，1974年5月青木日出雄先生所帶領的團隊剛推出《航空Journalist》（即後來的AJ雜誌）時引發熱烈的討論，其創刊號的編輯後記裡附了下田先生繪製的12位員工的似顏繪，由於視覺衝擊實在太強烈了，害我對他以前作品的記憶都不知消失到哪兒去了。身為一名學生讀者的我，當然不可能認識半個AJ雜誌創刊時的員工，但是那幅12人的似顏繪巧妙地捕捉到每個人的臉部特徵，甚至連性格都能透過筆尖描繪出來，光是看著似顏繪就會產生跟這些人很親近的錯覺。其中又以主筆的青木先生與因AJ雜誌而首度在航空雜誌上出道的攝影師瀨尾央先生更是堪稱傑作。光是想起那些插畫都會讓我忍俊不禁。

AJ雜誌為航空雜誌界注入了新風氣，最引人注目的便是青木主筆與藤田勝啟主編犀利的分析報導，還有瀨尾先生與航空攝影界的傳奇人物吉姆‧萊森先生令人眼睛為之一亮的影像報導，這點想必大家都沒有異議，不過每一期我最期待的卻是下田先生連載的『Nob先生的見聞體驗奮鬥記』。該專欄是關於下田先生前往現場與形形色色航空人員相遇或偶爾為之的體驗報告，加在插畫旁（如女孩子般圓圓的字體）的手寫報導充滿幽默的品味，放在生硬報導較多的AJ雜誌裡更是大放異彩，成了該雜誌構成中不可或缺的存在，發揮著絕妙的平衡作用。

還有一個放在編輯後記裡的「讓人動動腦的插畫」也令人引頸期盼。彷彿說著「如果你很喜歡飛機，應該知道這個謎底吧？」，我認為這些像是在對讀者下戰帖般的插畫才是下田先生真正厲害之處。

精確的觀察力、轉換為簡樸線條的品味、手繪的精湛技巧、美化變形手法的奧妙……。我想到好幾個談論下田先生的作品或是試圖向人傳達其魅力時想用的詞彙，不過，其實一句話就能道盡一切：下田先生的作品之所以能持續觸動飛機愛好者的心弦，是因為他本身「比任何人都還要熱愛飛機」。他那近乎頑固地維持一致性的美化變形手法，很可能經常被說「缺乏新鮮感」或「墨守成規」，不過我認為其作品長期以來廣受愛好者接納的秘訣應該很單純，那就是因為創作者和愛好者始終朝著「喜歡飛機」這個共同的方向。

下田先生在《航空情報》與承繼其系統的《航空Journalist》的工作繁多，因此我進入《航空迷》的編輯部後，也有一陣子避免向他委託插畫。在當時的出版界中有很多這種不成文的規定事項。由於1988年AJ雜誌休刊，我才終於可以委託他工作，我們共同完成的工作中，印象最深刻的便是為村田博生先生——曾以F-86藍色衝擊波飛行員的身分而聲名大噪——繪製其回憶錄《渦輪日記》的標題和插畫。

每個月把剛完成的原稿交給下田先生閱讀並繪製符合故事的畫稿後，再由含我在內的3人一起討論來完成，截稿在即的這些互動真的是很愉快的作業。因為當時的這層緣分，幾位工作人員開始舉辦名為「藍色會」的酒會，也是很歡樂的回憶。只不過下田先生的出席率並不高。我現在有點後悔地想，是不是對美食家下田先生而言，居酒屋不太合口味呢？

在喜歡飛機這件事上我也自認不輸下田先生，不過我們更意氣相投的卻是在飲食與溫泉方面的興趣。下田先生對美酒佳餚與下酒菜的執著尤其驚人，「來到這裡一定要光顧這家店」、「如果要吃這個就一定要來這家店，別無他選」，是個和沉穩面容不搭調的老頑固（夫人，我能體會您的難處）。

不記得是什麼時候的事，我們約好近期一定要一起去下田先生格外捧場的西荻漥的蕎麥老店，可惜如今已無法實現這個酒宴之約，令我深感遺憾。我還有很多他應該也會滿意的好溫泉還沒推薦呢……。

三井一郎

●1957年出生。長野縣出身。1980年進入文林堂株式會社，分配到航空迷編輯部。從1988年開始擔任航空迷的主編。兼任世界傑作機與航空迷插畫書之編輯。興趣是泡溫泉、尋覓美食與邊走邊吃（喝），第三順位則是飛機。

梅塞施密特 Bf109G(1935)

Messerschmitt Bf109G

2018年5月號（Vol.121）刊載

德國航空省於1933年末向國內各家飛機製造公司提出近代型單翼戰鬥機（成為重建德國空軍的主力戰鬥機）的試製規格。結果成了4家公司的一場試製競賽：亨克爾公司推出低翼收放式起落架He112、阿拉多公司是低翼固定式起落架Ar80、福克-沃爾夫公司是高翼收放式起落架Fw159，在奧格斯堡經營的巴伐利亞飛機製造廠（BFW，梅塞施密特的前身）則是推出低翼收放式起落架的Bf109來競標。

1號試製機原本預定要搭載容克斯Jumo210引擎，但因開發延遲而使各家公司都改搭載英國製的勞斯萊斯・茶隼V來進行開發。之後於1935年10月進行各公司4架飛機的比較審查。當初亨克爾的He112原為不二之選，但在1936年試製競賽的最後一場正式試飛中，梅塞施密特公司的測試飛行員從5000公尺高空下降中進行了往左23次、往右21次的螺旋飛行，緊接著又毅然從7000公尺高空進行俯衝，令並排而坐的空軍省負責人大驚失色，一舉逆轉獲得採用成為新的戰鬥機。堪稱是「奧格斯堡之鷹」的誕生。

一般認為其1號試製機（D-IABI）於1936年柏林奧林匹克運動會的展覽會上低空飛過是首次向國民展現其勇姿。順帶一提，Bf109明明是梅塞施密特公司打造的，卻不是標示為Me109，據說是因為該機是威利・梅塞施密特博士於1934年擔任BFW公司設計負責人時所設計的緣故。直到戰爭結束為止，這款Bf109系列一共生產超過3萬3000架。其中含括1941年10月才登場、名為「古斯塔夫（Gustav）」的G系列，打造了2萬多架，G-6則生產了1萬架以上。戰後在西班牙也有生產，打造出搭載勞斯萊斯・梅林引擎的「施密特之火」HA-1109-M1L等，直到1967年才退役。■

Messerschmitt Bf109G

◀威利・梅塞施密特博士誕生於1898年，為法蘭克福葡萄酒酒商的兒子。在慕尼黑工科大學求學期間便開始設計滑翔機與輕型飛機，於1923年在班伯格租借了一間老舊的啤酒釀造公司，設立5人員工的梅塞施密特公司。創業之初製作了動力滑翔機，於德國滑翔機發源地美因河舉辦的競技大賽中取得佳績。該公司於1927年9月與收購奧托飛機製造廠的BFW公司合併。之後便開始以BFW的簡稱「Bf」來為梅塞施密特飛機命名。

▲Bf108颱風式。曾是BFW公司設計負責人的威利・梅塞施密特博士於1934年設計的M37，是一款全金屬製收放式起落架的機艙式4座聯絡機。空軍省後來為此機命名為Bf108颱風式，成為梅塞施密特第一款（？）成功之作。讀賣新聞社於1936年8月進口了1架，為的是在3天內將柏林奧林匹克運動會的影像原稿空運至東京。然而蘇聯上空的飛行許可卻未獲得批准，聯絡飛行因而中止。飛機靠港後成為讀賣新聞社的聯絡機，據說直到戰爭結束都還健在。

◀HA-1109-M1L。在大戰期間，中立國西班牙計畫取得授權來生產在希斯巴諾公司稱為J系列的Bf109G，購買了25架G-2的機體，卻因戰爭結束而未能取得引擎；1946年完成搭載希斯巴諾蘇莎引擎的HA-1109-J1L，移交200架給西班牙空軍。1954年換成勞斯萊斯・梅林引擎後搖身一變成了HA-1109-M2L，一直服役到1967年。

▶亨克爾的He112曾是Bf109的勁敵，日本海軍於1938年訂購了30架出口型來作為在中國陸上基地的防空用局地戰鬥機。也有一說認為實際送達日本的是以He112V12為原型的12架He112B-0。順帶一提，日本陸軍也於1941年5月進口了3架Bf109E作為實驗之用。該年6月於神戶靠港，在岐阜的川崎進行組裝，由德國人飛行員進行公開飛行。

福克-沃爾夫 Fw190A-5(1939)

Focke-Wulf Fw190A-5

2007年9月號（Vol.57）刊載

Fw190是德國空軍於第二次世界大戰中唯一使用過的一款氣冷式單座戰鬥機。1937年秋天福克-沃爾夫公司接到來自德國航空省的訂單，開發用以取代梅塞施密特Bf109的新戰鬥機。技術指導者庫爾特・譚克工程師評估了氣冷式的BMW139與液冷式的DB601兩款引擎，決定採用前者的裝備案。原因是唯有該款戰鬥機專用引擎才擁有1500hp級的輸出功率，而且DB601在性能上無法滿足需求。

裝配BMW139（1550hp）的1號原型機Fw190V1於1939年6月1日首飛成功。隔年春天即決定了量產型的基本形。最早的量產型A-1於1941年8月開始配置至部隊，1941年9月27日法國的上空成了Fw190首次登場的戰場。英軍看到德軍的新型氣冷式戰鬥機時，似乎認為敵方是使用從法軍擄獲的寇蒂斯鷹式75型戰鬥機。Fw190不但最大速度比噴火戰鬥機V快了15～30km/h，在俯衝時的良好穩定性與敏捷的側翻速度方面也都是贏家。庫爾特・譚克工程師選對了引擎。

據說若在當時與優秀同盟國軍機交戰的西部戰線擊落1架，就相當於在東部擊落3架。在這樣的情勢之中，約瑟夫・匹勒上校擊落了含68架噴火戰鬥機在內共101架，獲頒帶劍柏葉騎士十字勳章。匹勒上校也是在諾曼第戰役之際駕駛Fw190與同行機一起以超低空飛過海岸線進行機槍掃射的飛行員。紀錄中上校的鮮紅色愛車BMW327是BMW公司企劃的豪華小轎車經典款、於1937～41年期間生產的敞篷車。從1938年起又新添一款搭載80hp引擎、最高速度140km/h的327/28型，所以匹勒上校的愛車與其高速的Fw190A-5座機十分相襯，或許可說是車界的典範。 ■

福克-沃爾夫Fw190F-3(1941)

FockeWulf Fw190F-3

2001年5月號（Vol.19）刊載

Fw190是液冷王國德國裡唯一一款裝配氣冷式引擎的機型，頭部大又有點O型腿。主起落架與車輪的間隔長達3.5m，外觀和Bf109形成對比。福克-沃爾夫公司所打造的飛機都會冠上鳥類的名字，Fw190也遵循此慣例命名為「Würger（百舌鳥）」。首戰是在1941年9月27日，最初配置至第26戰鬥航空團（司令為阿道夫・加蘭德）第6中隊的4架Fw190正在敦克爾克上空巡邏時，碰上噴火戰鬥機Vb而發生空戰，有3架敵機淪為「百舌鳥的貢品」。

在西部戰線證明其優異性能的Fw190於1942年8月底將勢力範圍擴大至東部戰線。德國空軍的日間轟炸機在「不列顛戰役」中損傷慘重，因而催生出一款肩負轟炸任務的戰鬥機：Jabo戰鬥轟炸機。Fw190的主起落架十分堅固，淨載重量大，低速性能也很優異，簡直是最適合充當Jabo的機體。使用前線改造用零件組（簡稱R零件組）改造而成的機體會在型號後面加斜線再冠上該零件組的編號。此外，冠上U碼的則是在製作工廠改修而成的機體。正規近距離支援型的F系列於1942年開始量產。

然而，生產了約550架時，轉而優先生產長程戰鬥轟炸型的G系列來作為Ju87斯圖卡的替代機，到1944年春天為止曾一度中斷F系列的生產。F系列的型號與A系列採用同一套編號而容易混淆，因此重新啟動生產時便加以修正，將奠基於A-8型的F系列改為F-8型，一目了然。

1架「百舌鳥」Fw190A-5於1943年大老遠從德國來到日本。這是日本在第二次世界大戰中進口的最後一架飛機。據說陸軍航空審查部以福生機場為中心進行了各種測試，但在爬升力方面比不過KI-44鍾馗。■

梅塞施密特 Me262 飛燕(1942)

Messerschmitt Me 262 Schwalbea

Armour Modelling 1999年7月號附刊（Vol.08）刊載

Me262飛燕（Schwalbe）是世上第一款噴射戰鬥機，而雨燕（Sturmvögel）則誤打誤撞成為世上最早的噴射戰鬥轟炸機。其計畫始於1938年，並決定由BMW與容克斯2家公司分別開發渦輪噴射引擎，機體則由梅塞施密特公司負責。1939年6月完成機體的基本設計並於12月下訂3架原型機，有了好的開始。然而預計裝配的動力方面卻毫無進展。

1941年4月只好在機首安裝活塞式引擎與2片螺旋槳，在引擎艙內空無一物的狀態下進行V1的首飛。在那之後噴射引擎的開發進度仍差強人意，直到1941年11月才好不容易裝配BMW109-003引擎來進行試飛。然而為了慎重起見，機首的引擎與螺旋槳仍予以保留。當時V1的渦輪片在起飛中發生故障，幸好有這層保險才勉強安全著陸，未釀成大禍。

終於僅靠噴射引擎成功飛行已經是1942年7月的事了。是以裝配容克斯109-004引擎的Me262V3來進行試飛。之後試乘Me262V4的戰鬥航空團司令阿道夫・加蘭德中將對此機體十分著迷，立即於6月下訂生產型。然而希特勒也很迷戀這架機體。希特勒在飛機方面壓根兒是外行，不知何故竟命令生產Me262作為噴射轟炸機。不僅如此，還很堅持嚴守新兵器的機密，禁止高度4000m以下的作戰行動。這麼一來炸彈根本打不中。遠遠超越活塞式引擎飛機的高性能也因此毫無用武之地。「以Me262的生產為第一優先，亦可作為戰鬥機來使用」，希特勒終於發出這項許可時，已經是戰敗前2個月，也就是1945年3月的事了。■

梅塞施密特 P.1101(1944)

Messerschmitt P.1101

2004年7月號（Vol.38）刊載

P.1101源自於梅塞施密特公司自家開發的飛機。其設計始於1944年初，7月開始製作原型機。開發目的是要透過試飛來追求最適合的主翼後掠角度，因此主翼可在35°至45°間分3階段調整後掠角度。機身內搭載了1具渦輪噴射引擎，導管從機首的進氣口直線延伸，設計十分簡潔俐落。

軍方當局於1944年12月向各家公司提出「緊急戰鬥機」計畫。其規格的要求為：搭載1具亨克爾-赫斯HeS011（推力1300）渦輪噴射引擎、最大速度1000／h／7000m、作戰爬升速度1萬4000m且搭載4門MK108機炮的單座機。梅塞施密特公司針對此提出的方案是將P.1101的主翼後掠角度設定為40°的機體。1945年2月27、28日舉行的評選會議中，針對「緊急戰鬥機」事項採用了福克-沃爾夫公司的計畫I設計案，決定以Ta183之名來開發。

然而，就在預計完成Ta183設計前的4月，福克-沃爾夫公司的所有工廠都遭盟軍佔領。另一方面，P.1101的1號原型機則在提洛地區的疏散工廠持續製作，卻在完成80%時遭美軍接收。此事發生於德國投降前不久的1945年4月29日。

戰爭結束後該機與其資料皆送往美國，以此為基礎開發出可變後掠翼研究機貝爾X-5。製作了2架貝爾X-5都是比P.1101還大的機體，後掠翼可在20°至60°間分3階段調整。此機於1952年1月12日成功在飛行途中於20°至60°間改變後掠角度。據說還有項計畫是以貝爾X-5加以改造來開發實用輕量制空戰鬥機。順帶一提，第133次試飛（相當於貝爾X-5的最後一次實驗）的飛行員就是人類首次成功登陸月球表面的阿波羅11號船長——尼爾・阿姆斯壯。■

梅塞施密特 Bf110G-2(1936)

Messerschmitt Bf110G-2

2001年9月號（Vol.21）刊載

Bf110是「兼具戰鬥機速度與轟炸機續航力」的雙引擎多用途機。名為戰鬥轟炸機，其任務是擔任轟炸機隊的先鋒，擊潰敵軍的防空戰鬥機隊，為成功完成轟炸當開路先鋒。曾在波蘇戰爭與威瑟演習作戰等中發揮名符其實的實力，但是在不列顛戰役爆發後，此機空戰性能的弱點暴露無遺，損失十分慘重，最後淪落到須另配置Bf109來護航的屈辱狀態，「驅逐戰鬥機」已是徒有虛名。最終蒙受喪失日間長程戰鬥機資格的汙名。

不過此機還有最後一道工作保障——1940年夏天設立的第1夜間戰鬥航空團。也就是值夜班。工作是對付英國空軍威靈頓轟炸機及後來的蘭卡斯特、斯特林與哈利法克斯等轟炸機。最初時期只能靠乘員的眼睛與探照燈，光是要接近敵方都困難至極，是相當艱難的任務。然而到了1941年後半期，採用一種接收來自地上雷達站網絡的引導來進行攔截的「華蓋床」方式。簡言之就是一種地面攔截管制系統，當時還沒有機上雷達，因此處於接近「亂槍打鳥」的狀況。此外，這個時期Bf110的後繼機Me210已經確定是失敗之作，必須重新開發Bf110的性能優化型，亦即G系列。

G-2是最大速度595km/h、續航距離1000km的戰鬥轟炸機型，擁有重裝備的武器，機首處有4挺MG17機槍（7.92mm）與2門MG151/20機炮（20mm）、後座有MG81Z（7.92mm）雙聯裝旋轉式機槍、機身下有2座500kg的炸彈架，兩翼下則有4座50kg的炸彈架。成為夜間戰鬥機的G-2更進一步變身為武裝強化機型：排氣管上安裝消煙裝置、機身下方則裝配了2門MG151/20槍炮組。在這之後又有裝配機上雷達的G-4登場，此機在夜間戰鬥航空團所使用的Bf110G中可說是王牌飛機。■

梅塞施密特 Me210(1939)

Messerschmitt Me210

2002年1月號（Vol.23）刊載

1930年代後期興起一股可戰鬥、轟炸與偵察的雙引擎多座戰鬥機之熱潮。即戰前版的JSF（聯合攻擊戰鬥機）。德國空軍則是在戈林元帥的主導下，催生出兼具戰鬥機速度與轟炸機續航力的雙引擎多用途機：梅塞施密特Bf110。1937年規劃了AGO（古斯塔夫·奧托航空公司）Ao225、阿拉多Ar240與梅塞施密特Me210三款機種作為其後繼機，最終決定開發阿拉多Ar240與Me210。

梅塞施密特公司有初代戰鬥驅逐機Bf110的實績，還有戈林元帥強力推波助瀾，再加上和當時的政權關係較為親密，故而德國航空省在原型機完成前就發出多達1000架的量產訂單。Me210所擁有的武裝為機首各2挺MG151/20（20mm）與MG17（7.92mm），以及左右配備2挺MG131（13mm）的遠距操作式FPL131槍座，機首的彈藥庫則可搭載2發500kg的炸彈，可謂備受期待的明日之星。

Me210的1號原型機是比Bf110更具曲線的低翼雙引擎機，於第二次世界大戰爆發的隔天1939年9月2日升空。此時離不列顛戰役還很遠，是戰鬥驅逐機神話仍屹立不搖的時期。然而在測試飛行中發現有穩定性上的缺陷，遂進行了設計變更。在這期間仍不斷進行目標1000架的量產準備。1940年便趕鴨子上架似地進入量產，但仍無法擺脫驟然失速而進入螺旋（Spin）的惡劣狀態，最終於1942年4月停止生產。600架完成機造成的損失超過3000萬馬克，據說連戈林元帥都感嘆此事或許會成為自己生涯的致命傷。

Me210於主翼與外翼上加了自動百葉片，試圖改善低速特性，但是評價仍舊毫無起色。Me210A系列總共生產多達348架，卻完全無法提高實績。然而日本陸軍於1943年1月從德國進口了1架Me210。此機和Fw190A-5都是日本在大戰中進口的最後一款飛機。■

道尼爾 Do335 箭式(1943)

Dornier Do335 Pfeil

2000年5月號（Vol.13）刊載

於大戰末期出現的Do335是唯一一款獲得實用化的推拉式螺旋槳戰鬥機。這種飛機原本採用的方式是讓引擎呈縱列配置於駕駛座前後來驅動推拉式螺旋槳，大多是利用主翼後緣處的梁柱來支撐尾部。最著名的有福克D.23、薩伏伊-馬爾凱蒂SM65、立川KI-94-1、賽斯納O-2（賽斯納337天空大師的軍用型）等。

然而，縱列型雙引擎機也能利用延長軸從後方引擎來驅動推進螺旋槳，藉此實現主翼與尾翼的常規布局——此想法來自克勞德．道尼爾博士。尾端有能藉著延長軸來驅動的螺旋槳與十字形尾翼，道尼爾博士早已於1937年取得這種飛機的專利，並進一步於1940年製作了一架Göppingen Gö 9測試機來蒐集飛行數據。

研發Do335原本是要作為推拉式單座高速轟炸機，但後來變更了目的，轉為開發成單座多用途重型戰鬥機。首次飛行是在1943年秋天。一年後的1944年秋天，由生產型前身組成了實用測試部隊，從1945年1月至2月期間開始將機體交付實戰部隊，但未能趕上實戰。

Do335「Pfeil（箭）」在實戰部隊似乎都被叫做「Ameisenbär（食蟻獸）」。機體的外觀也近似食蟻獸，還會像把羽蟻吃個精光般橫掃千軍萬馬襲來的盟軍軍機……如此想來，食蟻獸這個綽號還真是巧妙，形容得很傳神。然而，雙座夜間戰鬥機型的V-10原型機登場後，安裝環狀冷卻器的機首與設置得高一階的雷達操作員座位結為一體，結果外貌變得更像「土豚」而非食蟻獸。不過「土豚」好像也會吃白蟻，所以就別太計較了……。 ■

容克斯 Ju88C-6b(1936)

Junkers Ju88C-6b

2008年1月號（Vol.59）刊載

一般認為容克斯Ju88是第二次世界大戰德國軍用機中成功的飛機之一。在德國空軍首次嘗試雙引擎高速轟炸機的試製競標案中，此機大勝競爭對手亨舍爾的Hs127與BFW（梅塞施密特）的Bf162，獲得採用。1號原型機Ju88V1的首次飛行是在1936年12月21日。

早在Ju88的最初生產型A-0首次亮相之前，Ju88C的原型機Ju88V7就已經於1938年9月27日升空。此機的最大速度為502km/h，逼近以驅逐戰鬥機之姿走紅的梅塞施密特Bf110C-1；續航距離也比Bf110C-1長3倍之多，是相當優異的機型。航空省對其高性能十分著迷，1939年便匆匆發出戰鬥機型的生產命令，生產原型C-0有參加9月爆發的波蘇戰爭。Ju88C-2是最初的生產型，武裝方面裝配了1門MG FF機炮（20mm）與3挺MG17機槍（7.92mm），1940年發配給為了迎擊英國空軍夜間轟炸而組成的夜間戰鬥機隊。

繼Ju88C-2之後的是Ju88C-4，而1942年初次登場的Ju88C-6則是最初的正規戰鬥機型。其武裝十分強大，機首有3門MG FF機炮與3挺MG17機槍，後上方裝配了1挺MG131旋轉式機槍（13mm），部分機體上則有搭載2門MG151機炮（20mm）作為傾斜式機槍。此機一開始是作為日間戰鬥機，從1942年起進化為裝配里希施泰因雷達的正規夜間戰鬥機型Ju88C-6b，成了在東部戰線總擊墜數83架的「夜戰王牌」薩茵．維根斯坦少校的愛機。維根斯坦少校的經歷是先以轟炸機飛行員參戰，結束150次出擊後才自願轉進夜戰隊。

日本海軍於1940年末從德國購入1架Ju88的轟炸型A-4，遺憾的是，此機於橫須賀進行第1次試飛之際便不知去向。■

容克斯 Ju87 斯圖卡(1935)

Junkers Ju87 Stuka

2018年3月號（Vol.120）刊載

恩斯特・烏德特在第一次世界大戰後曾遠渡美國，發揮其德國名列第二王牌飛行員的知名度，以特技飛行員的身分展現其本領。據說就是在那個時候，烏德特看到由俯衝轟炸機之先驅美國海兵隊寇蒂斯F8C地獄俯衝者所進行的俯衝轟炸演示。垂直俯衝並以模擬炸彈俐落擊中地面目標的這種戰法令烏德特大受感動，自此成為俯衝轟炸機的信徒。1933年12月烏德特在柏林北區的雷希林機場親自駕駛，示範俯衝轟炸機的飛行。這場在飛行省高官注視下進行的示範飛行孕育出一則都市傳說，對俯衝轟炸機之開發造成決定性的影響。

實際上早在烏德特這場示範飛行之前，於1933年4月誕生的德國航空省就已經訂下周密的兩階段俯衝轟炸機開發計畫。分成兩階段的準備：開發出具即戰力機體的第一階段，以及投注時間開發正規俯衝轟炸機的第二階段。俯衝轟炸機的德語是STURZ-KAMPFFLUG-ZEUG，縮寫為STUKA，故稱為斯圖卡，在第一階段中誕生的斯圖卡1號即為亨舍爾 Hs123。

參加第二階段斯圖卡計畫試製競標案的有Ar81、亨克爾He118、容克斯Ju87與Ha137共4款機種。進入最終評選的是He118與奠基於容克斯K47所打造成的Ju87。審查的進行對Ju87較為有利，而烏德特（也是亨克爾的摯友）曾提出「無論是多新銳的飛機都要我親身駕駛過一次」作為進入空軍的條件之一，於是他在審查時便親自坐進了He118。然而烏德特駕駛的He118卻在嘗試俯衝時因為螺旋槳的螺距調整錯誤而導致機體墜落，結果亨克爾就因為這次「自擺烏龍」的事故而把正規斯圖卡的寶座拱手讓給了容克斯Ju87。■

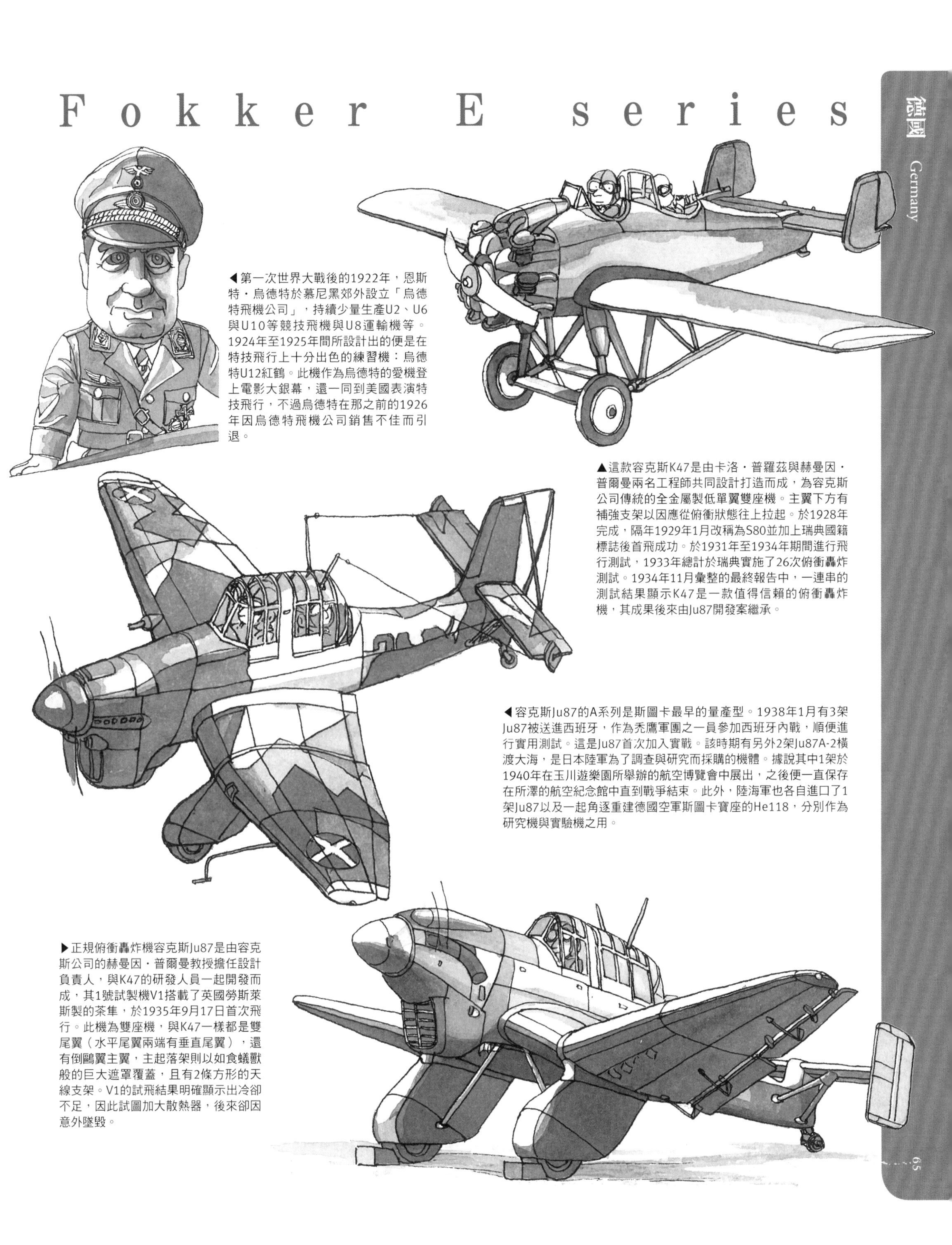

◀第一次世界大戰後的1922年，恩斯特・烏德特於慕尼黑郊外設立「烏德特飛機公司」，持續少量生產U2、U6與U10等競技飛機與U8運輸機等。1924年至1925年間所設計出的便是在特技飛行上十分出色的練習機：烏德特U12紅鶴。此機作為烏德特的愛機登上電影大銀幕，還一同到美國表演特技飛行，不過烏德特在那之前的1926年因烏德特飛機公司銷售不佳而引退。

▲這款容克斯K47是由卡洛・普羅茲與赫曼因・普爾曼兩名工程師共同設計打造而成，為容克斯公司傳統的全金屬製低單翼雙座機。主翼下方有補強支架以因應從俯衝狀態往上拉起。於1928年完成，隔年1929年1月改稱為S80並加上瑞典國籍標誌後首飛成功。於1931年至1934年期間進行飛行測試，1933年總計於瑞典實施了26次俯衝轟炸測試。1934年11月彙整的最終報告中，一連串的測試結果顯示K47是一款值得信賴的俯衝轟炸機，其成果後來由Ju87開發案繼承。

◀容克斯Ju87的A系列是斯圖卡最早的量產型。1938年1月有3架Ju87被送進西班牙，作為禿鷹軍團之一員參加西班牙內戰，順便進行實用測試。這是Ju87首次加入實戰。該時期有另外2架Ju87A-2橫渡大海，是日本陸軍為了調查與研究而採購的機體。據說其中1架於1940年在玉川遊樂園所舉辦的航空博覽會中展出，之後便一直保存在所澤的航空紀念館中直到戰爭結束。此外，陸海軍也各自進口了1架Ju87以及一起角逐重建德國空軍斯圖卡寶座的He118，分別作為研究機與實驗機之用。

▶正規俯衝轟炸機容克斯Ju87是由容克斯公司的赫曼因・普爾曼教授擔任設計負責人，與K47的研發人員一起開發而成，其1號試製機V1搭載了英國勞斯萊斯製的茶隼，於1935年9月17日首次飛行。此機為雙座機，與K47一樣都是雙尾翼（水平尾翼兩端有垂直尾翼），還有倒鷗翼主翼，主起落架則以如食蟻獸般的巨大遮罩覆蓋，且有2條方形的天線支架。V1的試飛結果明確顯示出冷卻不足，因此試圖加大散熱器，後來卻因意外墜毀。

阿拉多 Ar234B-2 閃電式(1943)

Arado Ar234B-2 Blitz

2003年1月號（Vol.29）刊載

Ar234閃電式是世上最早的渦輪噴射轟炸機。1941年春天開始研發，該年冬天至隔年期間即完成1、2號原型機，但原本預計要搭載的Jumo噴射引擎遲交，直到1943年6月15日才首飛。此機的特色在於著陸裝置。起飛時是搭載於特製台車上進行滑跑，升空至60公尺處即拋開台車，以降落傘回收再利用。雖說是台車，卻設計成如噴射機般的前輪式。台車的回收方式後來進化為在飛機起飛的同時便打開台車的制動降落傘使之快速減速，在地面完成分離與回收。

著陸時則是藉著機身下方與引擎艙下方的收放式滑橇來進行。滑橇無法降落在混凝土跑道上，因此特別準備著陸專用的草地著陸地帶。著陸後無法自行移動，必須借助牽引車之力。閃電式每次返回基地都是一場小型迫降。

有鑑於這樣實在太不方便，於是開發出將著陸裝置改成前輪式的B系列，偵察型的B-1與轟炸型的B-2因應而生。然而閃電式的作戰活動是始於2架原型機，也就是早在實用型服役前就搶先配置至法國基地的V5與V7。這些原型機所執行的偵察作戰成功掌握了諾曼第登陸時盟軍的狀況。

轟炸型B-2在亞爾丁之役中執行了首次作戰，為局部轟炸盟軍而奮戰。此外，1945年3月17日德軍透過轟炸不斷破壞雷瑪根的魯登道夫大橋。即便當時已進入大戰尾聲，閃電式仍以最大速度742km/h/6000m（低空則約700km/h）的高速攜掛最多1500kg的炸彈，風馳電掣地大展身手。儘管如此，卻未能躍上《最長的一日》、《坦克大決戰》與《雷瑪根大橋》這類知名電影的大銀幕上。 ■

福克-沃爾夫 Fw189 鴞鷹式(1938)

Focke-Wulf Fw189 Owl

2007年7月號（Vol.56）刊載

福克-沃爾夫公司是1920年代中期由技師海因里希・福克與第一次世界大戰的飛行員格奧爾格・沃爾夫於德國不來梅創立的飛機製造廠。德國唯一一款氣冷式單引擎戰鬥機Fw190的設計師庫爾特・譚克是在1934年11月成為該公司的設計負責人。對譚克而言，雙引擎雙機身的偵察直協機Fw189鴞鷹式（貓頭鷹）相當於Fw190的前作。

Fw189是從1936年開始研發，其第1號試製機是中央機身裝設玻璃且3個座位並列的V1，於1938年首飛成功。V1隨後被改造成披覆裝甲板而中央機身極細的前後並排雙座地面攻擊型V1b。然而德國空軍決定由亨舍爾Hs129充當地面攻擊機，因此Fw189便作為短程偵察機於1939年進入量產。

Fw189的量產型A-1是從1940年末開始配置至部隊，主要投入東部戰線。設置於中央機翼上的乘務室有個上下左右全面裝設玻璃的駕駛座，配置於主翼低處的倒立氣冷式引擎與強力的主翼後掠角相輔相成，據說是一款下方視野極佳的偵察機。此機也是武裝強大的機體：主翼翼根處各1挺、引擎機艙上面2挺、引擎機艙後方2挺，共裝配了6挺7.92mm的機槍，不僅如此，左右主翼下方還能各搭載2枚50kg的炸彈。

Fw189槳轂前的8片葉扇風車也是相當醒目的特徵。這是一種可增減螺旋槳螺距的變距動力裝置，轉動方向與螺旋槳相反，對槳轂內的調速彈簧產生機械性的作用。

猶如夜行性貓頭鷹般的Fw189夜戰型於大戰末期登場，但是最大速度344km/h的此機究竟發揮了多少作用呢？引擎機艙上面的15mm斜射機關炮、機首的FuG212里希施泰因C-1雷達與天線，搞不好都還沒好好大展身手戰爭就結束了。■

容克斯 Ju52/3m(1930)

Junkers Ju52/3m

Armour Modelling1998年8月號附刊（Vol.03）刊載

Ju52/3m是曾在第二次世界大戰中活躍一時的德國空軍主力運輸機。其母型是於1930年代首飛、僅以「Ju52」稱之的機體。以普惠公司的黃蜂星型引擎將該機改成3引擎機，結果性能大幅提升，脫胎換骨成了正規的運輸機，即為Ju52/3m。

若依此原則回推，單引擎的Ju52便稱為Ju52/1m。三引擎的Ju52/3m立即進入量產。此機是最後一款採用自第一次世界大戰延續下來、容克斯特有低單翼全金屬機體構造的機體，並於杜拉鋁管骨架上貼附杜拉鋁波紋板。依部位分別運用大波浪與小波浪等各種波紋板，與機身一體化的中央機翼是最大的波紋板。1、2號機旋即交付漢莎航空，自此開始運用於歐洲、南美與中國各地的航空公司。此外，重建不久的新德國空軍也採用此機作為4座輔助轟炸機，到了1936年初竟然佔德國空軍轟炸機的2/3。在西班牙內戰時以禿鷹軍團之姿最先出擊，據說不光是運輸，還作為轟炸機投下多達6,000噸的炸彈。

主翼的引擎是朝外側安裝，這是為了當1具引擎停止時，能靠其餘引擎的推力避免機體失控旋轉的一種對策。Ju52/3m不僅作為定期航空的客機，還廣泛運用於士兵運輸機、傷病員運輸機、傘兵部隊專機、滑翔曳航機、磁性水雷探索專機，甚至是轟炸機，其型式後來多達30種，是具備多用途性的飛機。總生產量為4,845架。

據說含還能飛行的機體在內目前約有10架保存於歐美。以前在法蘭克福機場航站的屋頂可直接欣賞這款Ju52/3m的機體。與DC-3、Me262與Me163一起在戶外展示的那架飛機，感覺就像是覆蓋在波狀白鐵皮下的軍營。

■

大家知道嗎？Nob先生也有設計航空救難團的徽章喔

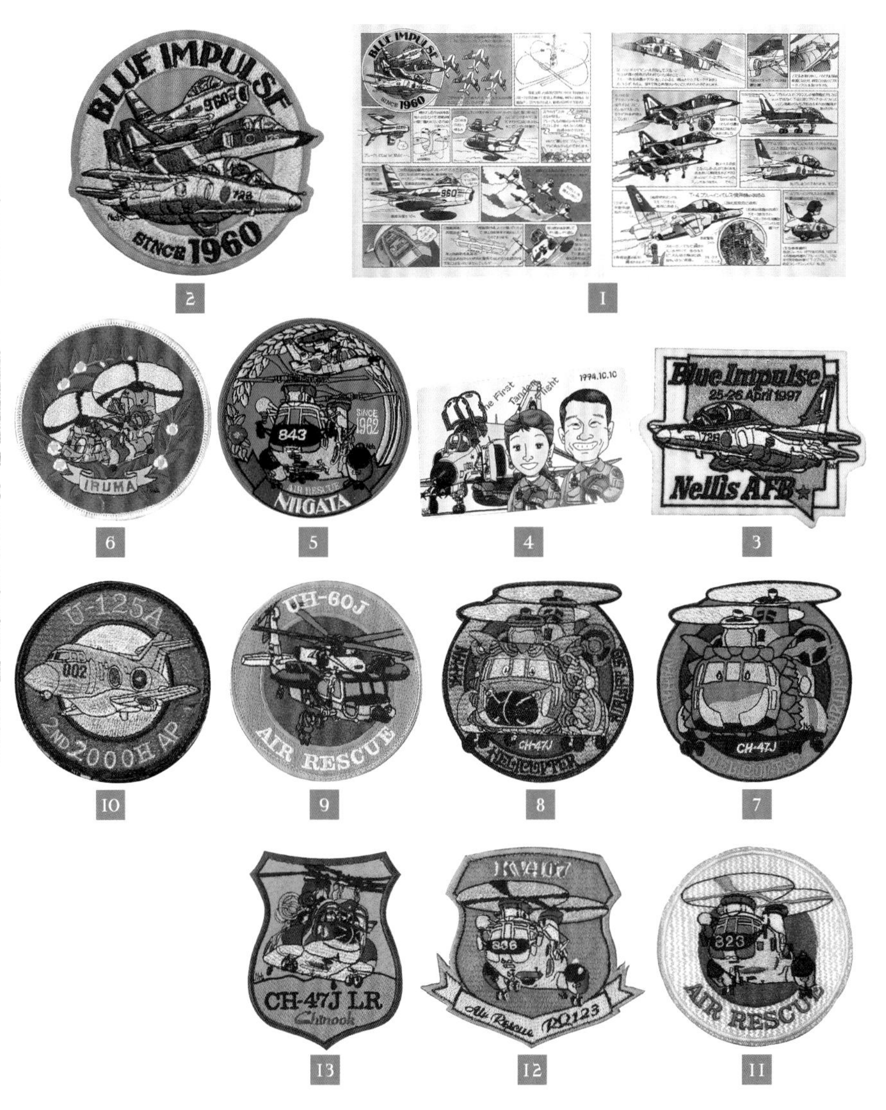

1 2『The History of BLUE IMPULSE』中有一份彩色漫畫，是請Nob先生繪製藍色衝擊波飛行表演隊的趣味插曲作為說明書，將美化變形技巧發揮無遺，這才是Nob先生的真本事。這個時期所繪製的插畫也製成了徽章。

3 為了拍攝美國空軍創設50週年紀念飛行秀遠征的貼身採訪紀錄片，藍色衝擊波飛行表演隊於1997年首次被派至海外，當時委託Nob先生設計了別在攝製人員工作服上的紀念徽章，也用來製成限量周邊商品用的胸針。

4 這點是我個人的私事，我在1994年結婚時的第二次宴會（由新郎新娘友人主辦的祝福宴會）上發送了電話卡作為回禮，上頭有我與妻子一起站在F-4EJ改前的插畫，也是Nob先生為我繪製的。如今我仍悉心保管著這張原稿。

5 新潟救難隊短期間使用過的部隊徽章。這個徽章僅於和Nob先生私交甚篤的I先生任職新潟分屯基地司令（新潟救難隊長）的1996年8月～1999年3月期間使用，圖中不僅有當時隊裡配置的V-107A與MU-2A，還安插了縣木的雪山茶花與代表米之鄉的稻穗，設計十分精緻。

6 7 8 入間直升機空運隊的徽章，CH-47J的背後綴以開了花的狹山茶枝葉；那霸直升機空運隊從第一代徽章開始就是Nob先生操刀設計的，自從採用機材從CH-47J變更為CH-47J（LR）後，便改為繪製LR的機體。每一款都將CH-47J擬作沖繩的除魔風獅爺Shisa，旋翼還超出圓形底，是相當講究的設計。

9 10 11 12 13 不光是部隊的徽章，以前允許戴在肩上的特技徽章中也有不少是Nob先生設計的作品。有UH-60J乘員用、U-125A乘員用、V-107乘員用、V-107過渡123期用、CH-47J（LR）乘員用等，若含括配色與代號不同的變化版在內，種類會相當可觀。

我第一次見到Nob先生是在1985年進入鐳射影碟（株）並分配至行銷部門的80年代後半期。當時配合電影《捍衛戰士》LD的發售而決定實施的策略是：整合多個航空相關主題來促銷，於是我委託Nob先生設計禮品專用的貼紙，那次應該是我們第一次合作。成品是一張將美化變形技巧發揮得恰到好處的帥氣F-14插畫。我於1990年轉職到東芝EMI（株），企劃了《Birds of Steel series》與《AIR BASE SERIES》兩項航空影視系列；《Birds of Steel series》於1990年開播，我把該系列的標誌委託給Nob先生設計，單純是相信他身為插畫家的本領。至於1993年開播的《AIR BASE SERIES》則是委託他設計展銷用限量周邊小禮的原創胸針。

我於1998年轉職到萬代影視（株）後遇上一波航空影視工作的市場萎縮，幾乎沒有機會和Nob先生一起工作，不過自從有幸邀請他參加我於1995年自發性創設的「航空救難團支援會」後，只要時間方便，他都會出席我與航空救難團相關人員於每年11月3日入間航空祭之夜一起舉辦的定期聯歡會。去年出版了一本名為《大洗戰車博物館》的繪本，是我負責編製的《少女與戰車》的周邊書籍，內容裡有Nob先生以我和我家長子為原型繪製的角色。他曾說過「那孩子很有意思呢」，似乎是很中意我家長子，對我們父子倆來說成了難忘又美好的紀念。

談到Nob先生我還是比較常憶起他的人品。每次委託工作時，他總是「喔喔，可以呀～」一通電話就很爽快地承接下來。當然，時間真的很難配合時，他是絕對不會隨便應允的，每次都會確實嚴守截稿期。Nob先生的原稿全是手繪稿，他會先用描圖紙悉心覆蓋描繪於厚紙上的原稿，再夾在瓦楞紙中包裹起來以免折損，然後親自送達或是郵寄過來。即便是近期配合的工作，仍未改其作法。從始至終貫徹沒有手機的舊式生活型態，這種堅持也很符合Nob先生的作風。

Nob先生的無數作品以各式各樣的形式，伴隨著淘氣、幽默與溫柔的笑臉永久留存在大家的記憶之中，這對我們這些Nob先生的粉絲而言是相當有意義的事。

杉山潔

●1962年出生。大阪府出身。為影視製作人。對飛機的熱愛日益高漲而開始編製許多航空與軍事相關的影視。經手的動畫也有不少作品中有飛機、戰車與艦船等登場。代表作為《甦醒的天空》與《少女與戰車》等。

北美航空 P-51A 野馬式(1940)

North American P-51A Mustang

2003年7月號（Vol.32）刊載

若說到野馬式，一般的印象是裝配水滴型座艙罩與帕卡德・梅林引擎的D型。會想到B／C型的人只佔少數，而艾利森引擎搭載型則是只有愛好者才知道。然而，日本陸軍航空部隊首次交戰的就是艾利森搭載型的野馬式。

野馬式誕生於「不列顛戰役」開始前4個月左右的1940年4月，派遣至美國的英國飛機採購委員會向北美航空公司要求生產寇蒂斯鷹式87A-1戰鬥機（P-40A的出口型），為該機之起源。當時北美航空公司的金德柏格總經理提出的全新戰鬥機建議搭載與鷹式87A-1相同的艾利森引擎，並約定於120天內完成，就此簽訂了合約。然而截至當時為止，北美航空公司的戰鬥機實績唯有1939年出口至祕魯的7架NA-50與專為泰國製造的6架NA-68。

野馬式第1號試製機NA-73X依約於117天後完成。借用了AT-6的起降輪，引擎則因交貨延遲而未搭載。於1940年10月26日首飛成功，1941年11月將2號生產機交付英國皇家空軍（RAF），自此命名NA-73戰鬥機為野馬式。

2架野馬式以XP-51之名於美國陸軍航空隊進行測試，結果出爐後立即獲得正式採用。緊接著以P-51為基礎開發出A-36A俯衝轟炸機與P-51A，至此都還是艾利森・野馬式。這架P-51A的首戰是負責長程護送B-24與B-25至仰光的日軍設施進行空襲，也是P-51A首次使用增加75加侖（US）的油箱進行作戰。出面迎擊的飛行第64戰隊（加藤隼戰鬥隊）第3中隊隊長檜與平中尉（詳見P.48的相關報導）創下日軍首次擊落P-51的紀錄，並擄獲該飛行員漢米爾頓上校，立下卓越功動。此事發生於1943年11月25日。■

共和 P-47D 雷霆式(1941)

Republic P-47D Thunderbolt

2004年11月號（Vol.40）刊載

雷霆（Thunderbolt）是指「伴隨著雷鳴的閃電」、「雷電」。其原型機XP-47B的首次飛行是在1941年5月6日。雷霆式也是最早將排氣渦輪增壓器實用化的單引擎單座戰鬥機。

此機是先設計以雙黃蜂引擎與粗長形導管連結而成的尾部下方增壓器附近，接著再設計能與之吻合的機體。結果機身變粗且主起落架變長，因為主翼上裝配了12.7mm的機槍，故多加一道工夫使之收納時可縮短。螺旋槳的直徑長達3.71m。機體變得相當壯觀，全寬12.43m、全長11.02m，總重量為5,751kg。

雷霆式從P-47B、P-47C到P-47D持續成長，最終生產型N型全寬12.96m、全長11.02m，總重量為9,616kg，在第二次世界大戰中實用化，成為世上最大的單引擎單座戰鬥機。雷霆式的總生產數為1萬5579架，是美國陸軍戰鬥機生產紀錄中最多的，其中有1萬2602架是P-47D。

雷霆式B型的續航距離為885km，D-25型則為949km，擔任進攻歐洲大陸的轟炸機的護航任務有點靠不住。故而從1943年9月起決定裝配外掛油箱，以強化紙製成的108加侖油箱裝設於兩翼下方，P-47D-25的最大續航距離提高到1658km。該年年底，雷霆式於援護轟炸機的回程途中，為了消耗剩餘的機槍子彈而開始在超低空處攻擊軍事目標，此舉使之邁向戰鬥轟炸機之路。

雷霆式的頭號王牌飛行員是隸屬第8航空軍56FG的弗朗西斯・加布萊斯基中校。中校於1944年7月20日因迫降而淪為俘虜。這是他在德軍機場超低空飛翔並以機槍掃射之際，螺旋槳刮到掩體所致。因為雷霆式的螺旋槳十分巨大……。■

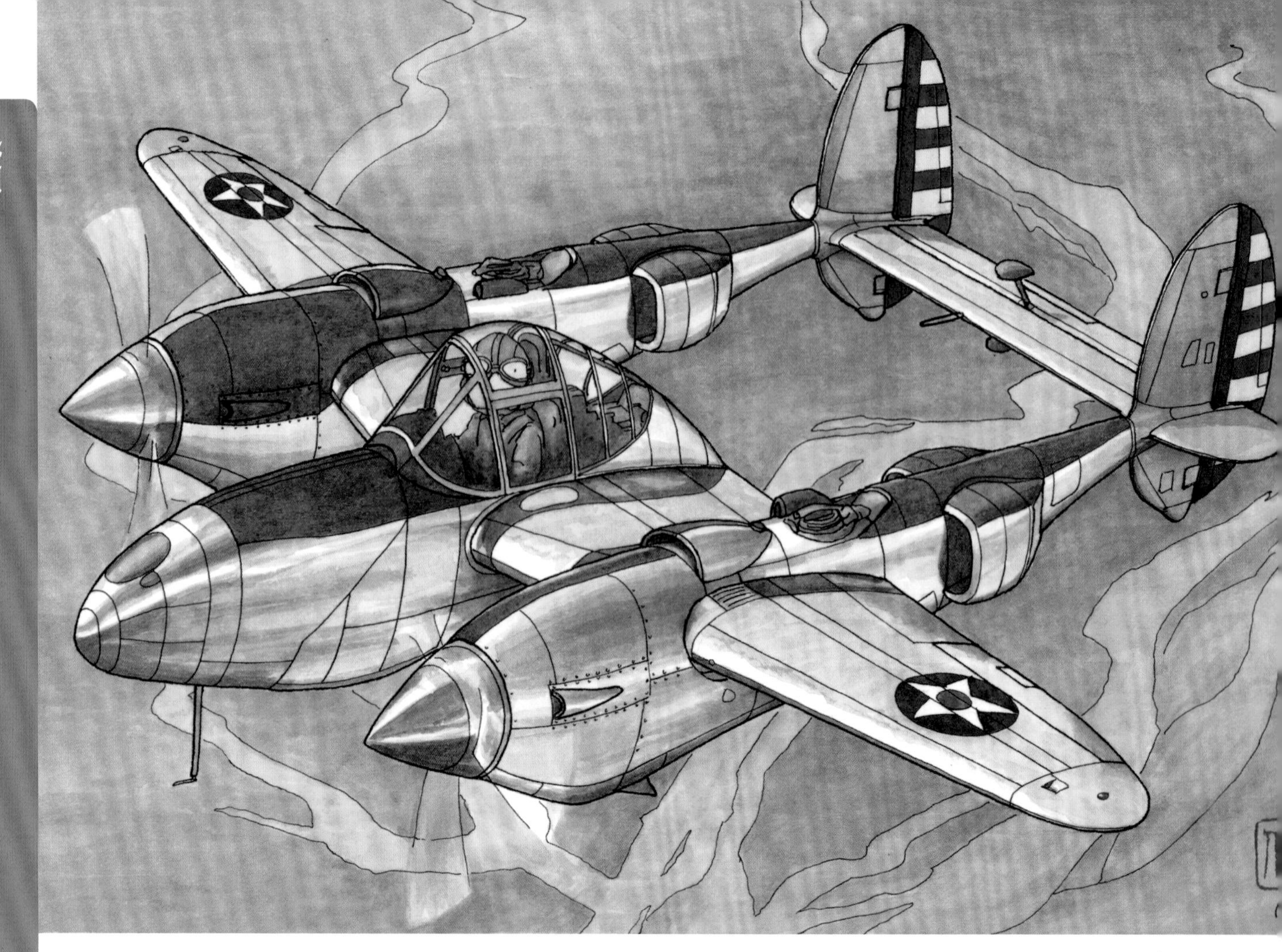

洛克希德 P-38 閃電式(1940)

Lockheed P-38 Lightning

2008年3月號（Vol.60）刊載

洛克希德P-38閃電式外觀獨樹一格且破壞性十足，因而有「雙機身惡魔」之稱令人聞風喪膽，是世上第一款附渦輪式增壓器的實用戰鬥機。此機為洛克希德公司第一款正統軍用機，也是首架戰鬥機。此機的開發始於1937年2月美國陸軍向各家公司提出的高空迎擊戰鬥機X-608規格。洛克希德公司為此提出了雙引擎雙機身22型，陸軍對其風格頗為激賞，並於該年6月23日向洛克希德公司下訂試製1架原型機，22型改為陸軍的正式名稱XP-38。

1號原型機XP-38於1938年12月31日完成，首飛是在隔年的1月27日。此機將1門23mm機炮與4挺12.7mm機槍的強大武裝集中裝配於機首，是總重6.7噸的重型戰鬥機。XP-38包含首飛在內的飛行次數只有6次，總飛行時間也僅僅4小時49分鐘，卻在測試紀錄中留下最大速度664.6km/h/6,100m的實績。

此機體打破了「400mph（644km/h）之牆」，並於1939年2月11日挑戰一項以橫跨美洲大陸並創造速度紀錄為目標的記錄飛行。從加利福尼亞州馬奇基地起飛，途中著陸2次後飛抵紐約州密契爾基地，以7小時45分鐘36秒完成橫越大陸之舉，創下最大對地速度675.8km/h的紀錄。儘管因著陸失敗而造成機體嚴重毀損，陸軍仍於該年4月27日以總額218萬728美元訂購了13架實用測試機YP-38（122型）。已在XP-38開發案上投注高達76萬1000美元的洛克希德公司想必如釋重負吧。

YP-38的引擎經過改良，武裝也改為1門37mm機炮、12.7mm機槍與7.7mm機槍各2挺，還針對細部加以改良。1號機於1940年9月15日首飛。美國陸軍航空隊似乎是在P-38D登場後才正式使用此機的名稱「閃電式」。順帶一提，擊落日本海軍山本五十六長官之座機的就是P-38G。■

錢斯·沃特 F4U-1 海盜式(1940)

Vought F4U-1 Corsair

2004年11月號（Vol.40）刊載

海盜式的1號原型機XF4U-1是於1940年5月29日首次飛行。美國海軍當局提出的規格是不亞於陸上戰鬥機的艦上戰鬥機，因此接單的沃特公司的設計理念是：結合強大且最新銳的2000馬力級引擎、用以提高爬升力與離艦性能的大直徑螺旋槳，以及最小的機身。海盜式成功的關鍵在於採用戰鬥機前所未見的3片大直徑4.013m葉扇螺旋槳，螺旋槳與地面間預留了充分的距離，並採用倒鷗翼以便將起落架的長度與重量降到最低。

量產型則因記取歐洲戰線的實戰教訓而試圖強化武裝，於外翼內側各裝配3挺12.7mm的機槍，合計6挺，卻衍生出外翼內側油箱無處擺設的問題。後來決定讓駕駛座降低0.92m，再將油箱移至該處設置。此舉導致海盜式的駕駛座視野太低，不太合適作為艦載機，因而將其服役單位改為海兵隊的陸上基地。

英國海軍曾根據武器租借法案向美國商借「艦載機幫手」，故有2012架海盜式大規模渡海。英國的雙層機庫天花板較低，因此來到新天地的多架海盜式為了配合新環境而於當地將翼梢各削短0.2m後才啟航。

海盜式首次從空母出擊便是在這個英國海軍的轉讓組，比美國海軍還早。那是1944年4月3日由英國勝利號空母上艦載的海盜式II（F4U-1A）參加攻擊德國鐵必制號戰艦。美國也有提供370架海盜式F4U-1D給紐西蘭空軍（RNZAF），從1944年開始於索羅門戰線登場。然而到了這個時期，戰線上已不見日本軍機的身影，儘管海盜式主要是負責支援陸軍的作戰，仍在作戰中折損了87架，損失慘重。 ■

格魯曼 TBF/M-1C 復仇者式(1941)

Grumman TBFTBF/M-1C Avenger

2001年1月號（Vol.17）刊載

第二次世界大戰中，日本國民所熟悉的敵機便是B-29與「格魯曼宿敵」。「格魯曼宿敵」不單指格魯曼公司所製造的F6F地獄貓與這款復仇者式，而是成為美國海軍艦上機的代名詞。

TBF/TBM-1復仇者式的配備是在機首裝設轟炸機用的Wright R-2600引擎，緊接在後的機身則以中翼分為上下2個部位。上方有駕駛座、轟炸員座與球狀槍座，地板下面有炸彈收納庫，其後方則配置了輔助魚雷與轟炸的第二個轟炸員座，外型相當魁武。復仇者式的試製機XTBF-1是在珍珠港事件發生前的1941年8月1日首次飛行。當時究竟是想向誰復仇呢？

復仇者式的首戰是在1942年6月4日的中途島海戰。日本艦隊發動了攻擊，因此有6架TBF-1連同B-25一起趕赴中途島出擊，卻遇到在上空掩護的零戰部隊迎擊，結果5架遭擊落、1架嚴重損毀，下場悽慘。

1942年3月通用汽車（GM）公司接到來自美國海軍的訂單，以TBM-1之名來生產TBF-1規格的機體，分擔復仇者式的生產。甚至從1944年開始，TBF的生產與改良全都移交給GM公司，總生產9,836架中TBM的產量上升到7546架。順帶一提，復仇者式的勁敵天山的總生產數約1,300架。

最著名的復仇者式飛行隊是由5架TBM組成的第19飛行小隊。第19飛行小隊於1945年12月5日下午2點從邁阿密北部的羅德岱堡海軍飛行基地起飛執行一般任務，亦即2小時的巡邏飛行。巡邏海域是所謂的「百慕達三角水域」，而第19飛行小隊就是在這次任務中忽然消失無蹤。此即著名的百慕達三角洲失蹤事件。有得罪誰的線索可循嗎？這只是一支再平凡不過的TBM復仇者式飛行小隊耶。■

道格拉斯 A-1 天襲者(1945)

Douglas A-1 Skyraider

2006年1月號（Vol.47）刊載

美國海軍於太平洋戰爭後期改變了方針，將原本區分為以轟炸為主要任務的「雙座SB」與以魚雷攻擊為主要任務的「三座TB」兩種支系的艦上攻擊機整合為「單座魚雷轟炸機」。依此轉變應運而生的便是道格拉斯BT2D。獲得正式採用的BT2D最初名為無畏式II，於1946年4月改名為天襲者，產品型號也變成AD。該產品型號直到1962年才改為A-1。

天襲者的首戰是於韓戰期間的1950年7月3日對平壤的北朝鮮軍用機場發動攻擊，隨後又作為美國空母攻擊部隊的主力投入地面攻擊，其中於1952年5月1日所執行的華川水壩攻擊，是後續又歷經越戰的天襲者在其整個漫長的戰鬥經歷中唯一一次魚雷攻擊。

天襲者在韓戰的作戰行動中損毀了124架，但全都不是空戰造成的，也未擊落任何敵機。天襲者的首次擊墜紀錄是在韓戰停火約1年後的1954年7月26日，這是2架天襲者正在搜尋3天前遭中國軍戰鬥機擊落的國泰航空DC-4的倖存者時，為了反擊2架襲來的拉沃奇金La-7所立下的初次戰果。

A-1天襲者在越戰期間仍在美國海空軍中服役，但因為是活塞式飛機，攻擊任務僅限於對空威脅的低空戰域。唯一的例外是護航戰鬥救援直升機的任務，即RESCAP（救難戰鬥空中巡邏）。其RESCAP任務始於1964年11月8日，救出在寮國遭擊落的美國空軍F-100的飛行員，1972年11月7日救援在南越遭擊落的美國陸軍UH-1B的乘員後功成身退。A-1天襲者在這期間也曾擊落2架北越空軍的MiG-17，締造活塞式飛機擊落噴射機的優異佳績。 ■

RB-51 紅色男爵(1978)

Red Baron Race #5 North American P-51 Mustang（Mpdified）N7715C

2002年3月號（Vol.24）刊載

時值1976年美國建國200週年紀念日，地點在內華達州的雷諾飛行大賽。我看到了火紅的「紅色男爵」。在此一年前，紅色男爵將引擎從梅林換裝成獅鷲，並改為3片式的雙層反向螺旋槳，連機體也經過大改造。和怪物型的競速機大不相同，從其俐落的外型絲毫感受不到男子氣概。由於換裝引擎時把化油器的進氣口移至機首上方，因此機首的線條令人聯想到裝配艾利森引擎的野馬式戰鬥機，不帶強勁感。還真如日文諺語所說：「有實力的『紅色』老鷹會把利爪藏起來（比喻深藏不露）」。

我不太記得紅色男爵在1976年雷諾飛行大賽中的成績。畢竟那是我第一次觀賽，由南部空軍帶來以T-6扮成零戰騰空亂舞的表演秀、由鮑伯・胡佛（在知名耶格爾創下人類首次突破音速的偉業時，駕駛著P-80擔任跟飛副手）駕駛黃色野馬式展示的特技飛行——這些接踵而來的初體驗令我興奮又激動，似乎讓我的記憶容量過載了。

身為世界速度紀錄保持者及競速冠軍的格林納邁亞爾還身兼洛克希德公司的測試飛行員，於1977年搭上紅色男爵，並如願稱霸雷諾飛行大賽。一名26歲青年史特夫・辛頓於1978年取代已引退的格林納邁亞爾成為紅色男爵的飛行員。從1978年的雷諾、1978年的莫哈維到1979年的邁阿密與莫哈維，一路連戰連勝。1979年8月14日於內華達州托諾帕創下499.04mph（803.138km/h）的公認世界速度紀錄，寫下無敵神話的最終成績。在此一個月後，我於1979年的雷諾大賽中再次見到綻放著耀眼光輝的紅色男爵機身上有其戰歷與公認世界速度紀錄，還大大繪有贊助商安海斯-布希公司的「MICHELOB light」商標。隔天便是1979年9月16日，以第二名畫下句點的「紅色男爵」從眾人視線中消失，不久後雷諾沙漠上便升起了蘑菇雲。 ■

波音 B-17G 空中堡壘 瑪莉・愛麗絲(1943)

Boeing B-17G Flying Fortress〔Mary Alice〕

2011年7月號（Vol.80）刊載

美國陸軍於1934年8月編製出作為馬丁B-10轟炸機替代機的需求規格，波音公司為了該案而縮小正在開發的4引擎轟炸機XB-15（294型），打造出299型，即波音B-17的母型。299型在1935年8月舉辦的比較審查中滿足了陸軍航空當局的要求，因而被認定是下期轟炸機的不二之選。然而問題在於機體的價格。299型（XB-17）1架9萬9620美元，旗鼓相當的對手道格拉斯DB-1（XB-18）則是1架5萬8500美元，價差將近2倍，1936年1月的議會決定：「產量重於品質」。道格拉斯XB-18以B-18之名取得133架訂單，波音XB-17則在陸軍航空本部的努力下得以確保13架（編制部隊時的最低限制機數）訂單。

1941年7月8日於歐洲戰線首次登場的B-17是英空軍向美租借的B-17C。隸屬美國陸軍的B-17則是在1942年8月17日由第8航空軍B-17E所執行的盧昂日間空襲中首次立功。

G型是B-17中產量最多的最終機型，生產了8685架。在波音公司西雅圖工廠生產的最後一批B-17G中，有一架製造號碼42-31983的機體，機長奈特中尉取其母親的洗禮名命名為「瑪莉・愛麗絲」。這架機體參加了無數場作戰，儘管受到許多損傷卻仍倖存下來，是傳說中有「不死之身愛麗絲」之稱的機體。

中彈損傷或引擎停止對「瑪莉・愛麗絲」而言早已是家常便飯，1944年6月25日奈特中尉帶領的小隊在執行最後任務後，低空飛過英吉利海峽返回基地的途中，機身下方的球形槍塔接觸到海面，結果垂直尾翼與僚機的機身側面擦撞，導致垂直尾翼距離下方1/4處彎折，儘管一路上搖搖欲墜，最終仍平安歸來。「不死之身的愛麗絲」在那之後歷經中彈損傷又修復，雖然在鋁板與橄欖綠塗裝的拼補後狀態宛如拼布，但仍如其名般奮鬥至戰爭結束。 ■

康維爾 B-36(1946)

Convair B-36

2016年11月號（Vol.112）刊載

在蘇聯封鎖柏林而開啟東西冷戰時期的1950年代，擔綱美國核子戰略之責的便是戰略空軍司令部（SAC）。而作為其主力並發揮震攝蘇聯之效的便是超重型轟炸機康維爾B-36和平締造者（peacer maker，仲裁者或和平使者之意）。

B-36是唯一一款可從美國本土直接對地球上所有地點發動核子攻擊、最早且是當時最大的戰略轟炸機。此機的開發計畫源自於1941年4月洲際長程戰略轟炸機的提案：能搭載1萬磅（4536kg）的炸彈，續航距離為1萬英哩（1萬6093km）而可從美國長驅直入德國本土進行轟炸，故有「10×10Bomber」之稱。全寬70.1m、全長49.4m，炸彈搭載量為3萬8140kg。其原型於1946年8月8日首飛，量產型則於1948年5月開始配置至部隊。在韓戰期間沒有機會出擊，但是韓戰確定停火的隔月1953年8月，美國進行了意在誇示國力的極東全面演習「巨棒（Big Stick）」作戰。B-36D以3機編隊從美國本土出發且沿途不著陸，初次飛至橫田基地。當時是還沒有空中加油的時代，沒有續航距離超過1萬英哩的戰鬥機可以緊跟在執行這種長程飛行的B-36旁進行護航。故而由B-36自攜護衛戰鬥機的「升空航空母艦」FICON計畫就此登場。

以1架RB-36F加以改造，裝設可吊掛戰鬥機、名為「鞦韆」的裝置，名稱也改為GRB-36F。1952年成功執行了共和F-84E與RF-84F的啟航與收容飛行測驗。以RB-36D改造成的GRB-36D來搭配RF-84F改造成的RF-84K，透過這種戰略偵察機的組合讓此法得以實用化，據說從1955年末開始於華盛頓州拉爾森美國空軍基地實際執行任務。 ■

Convair B-36

▲美國於1941年初針對歐洲大陸的納粹德國籌畫了「棍棒」B-36計畫。向各家製造商提出此計畫的時間點是在美國參戰之前，也就是波音XB-29全尺寸模型審查開始之前。歐洲發生的大戰原本對美國來說根本無關痛癢。然而該年12月日軍發動了珍珠港事件，導致洲際間轟炸機的開發推延，第1號試製機XB-36直到第二次世界大戰結束後的1946年8月8日才首次飛行。

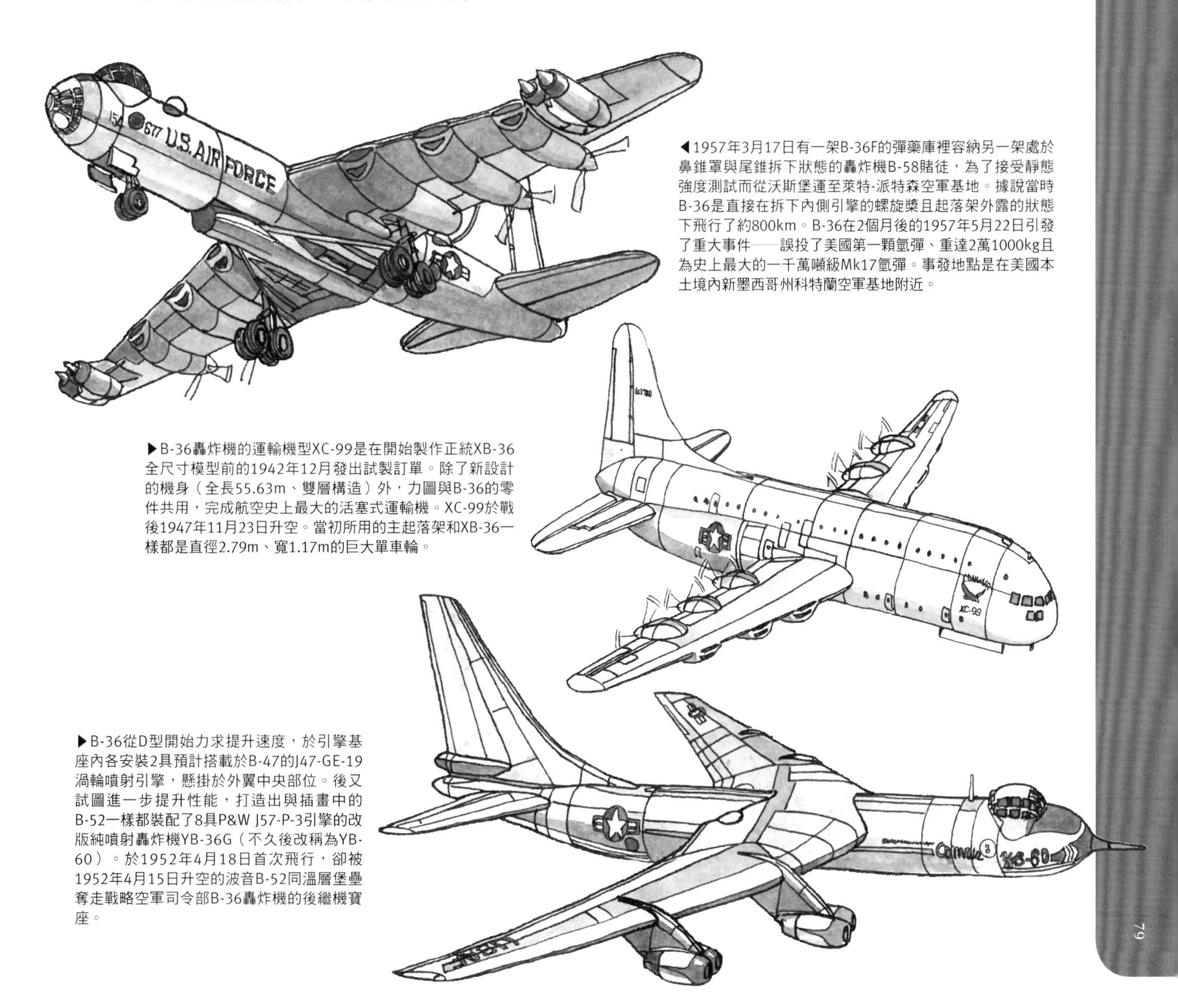

◀1957年3月17日有一架B-36F的彈藥庫裡容納另一架處於鼻錐罩與尾錐拆下狀態的轟炸機B-58賭徒，為了接受靜態強度測試而從沃斯堡運至萊特-派特森空軍基地。據說當時B-36是直接在拆下內側引擎的螺旋槳且起落架外露的狀態下飛行了約800km。B-36在2個月後的1957年5月22日引發了重大事件——誤投了美國第一顆氫彈、重達2萬1000kg且為史上最大的一千萬噸級Mk17氫彈。事發地點是在美國本土境內新墨西哥州科特蘭空軍基地附近。

▶B-36轟炸機的運輸機型XC-99是在開始製作正統XB-36全尺寸模型前的1942年12月發出試製訂單。除了新設計的機身（全長55.63m、雙層構造）外，力圖與B-36的零件共用，完成航空史上最大的活塞式運輸機。XC-99於戰後1947年11月23日升空。當初所用的主起落架和XB-36一樣都是直徑2.79m、寬1.17m的巨大單車輪。

▶B-36從D型開始力求提升速度，於引擎基座內各安裝2具預計搭載於B-47的J47-GE-19渦輪噴射引擎，懸掛於外翼中央部位。後又試圖進一步提升性能，打造出與插畫中的B-52一樣都裝配了8具P&W J57-P-3引擎的改版純噴射轟炸機YB-36G（不久後改稱為YB-60）。於1952年4月18日首次飛行，卻被1952年4月15日升空的波音B-52同溫層堡壘奪走戰略空軍司令部B-36轟炸機的後繼機寶座。

德哈維蘭 蚊式轟炸機 Mk.IV(1940)

DH.98 Mosquito Mk.Ⅳ

Armour Modelling1998年6月號附刊（Vol.02）刊載

一般認為噴火戰鬥機、蘭卡斯特轟炸機，還有這款蚊式轟炸機是英軍在第二次世界大戰中的三大傑作機。這是一款全木製且無防禦武裝的機體，優異的高速為其最大武器。最初是下訂50架轟炸機型，然而原型機在試飛中交出水平速度640km/h的成績，而且還因單邊引擎停止而在爬升中側翻，輕快的飛行狀態簡直就像戰鬥機一般。軍方對其性能自然無法置若罔聞，於是立即針對首批訂單進行規格變更，30架改為戰鬥機型，10架改成拍照偵察機型。自此往後便開發出各種形式的蚊式轟炸機，最後還出現運輸機型，運用在BOAC（英國海外航空公司）的快遞服務中，堪稱是萬用機。

這種未使用戰略物資鋁合金的木製機是很難能可貴的存在。利用以單板夾輕木製成的板材分別製作左右側機身再加以貼合而成。此外，會施加較大外力的樑翼與機身構造的板材則是使用唐檜來代替輕木。

日本在戰略物資上比盟軍還要匱乏，在木製機方面當然不會無所作為。以在緬甸戰線擊落的蚊式轟炸機作為參考，實施將大東亞決戰機陸軍四式戰鬥機疾風木製化的計畫，即立川KI-106試製戰鬥機。然而在測試階段就迎來停戰，很遺憾未能趕上實戰。

另一方面，海軍也計畫將九九式艦上轟炸機木製化，且於戰爭即將結束前完成試製，然而重量過重，成果差強人意。效仿海軍艦爆的慣例準備了帶星字的俗稱，命名為空技廠練習用轟炸機「明星」。畢竟還不到可稱之為「木」星的程度。歐美人常說日本住宅是用紙和木頭構成的，不過看來要用木材打造飛機果然技術上還力有未逮。反倒是紙這方面竟然實現了。和木製機同一時期，日本開發出以和紙與蒟蒻漿糊製成的氣球炸彈並投入實戰之中。■

霍克 颱風式I B(1940)

Hawker Typhoon IB

Armour Modelling1998年10月號附刊（Vol.04）刊載

颱風式是繼颶風式與噴火式之後的新一代飛機，以英國空軍使用的F18／37為基礎開發而成的高速重武裝單座戰鬥機，大小與P-47相差無幾。試著完成後卻發現速度、爬升力與高空性能等遠遠低於設計值，引擎也不太可靠，再加上俯衝驟降就會導致尾部破裂，簡直是一場災難。在空軍內部也是惡評連連，甚至出現颱風式無用的聲浪。初期的颱風式採用從機體右側的汽車式自動門來上下駕駛座，此一設計又會導致視野不佳而不受飛行員青睞。很明顯是太急於實戰配置而調整不足，就像是只形成熱帶低氣壓就瀕臨消滅的氣壓配置。

當Fw190A展開低空攻擊，憑噴火戰鬥機V的性能根本無法與之抗衡，於是又重新看上以低空見長的颱風式。這時分數大幅提升的颱風式雖然在戰力上獲得認可，但空軍內部仍存在認為颱風式無用的論調，定位不明的困境依舊未改。這時軍方變更了颱風式的啟用方式，轉而採取活用4門20mm的強大火力與低空性能進行打帶跑的地面攻擊，此策略可謂恰如其分。進一步又增加炸彈的搭載量並裝配8發3英吋火箭彈，颱風式進化成威力更強大的大型颱風，橫掃德軍的地面設施與車輛，帶來嚴重的災害。據說當時颱風式戰鬥轟炸機還被取了「Bombphoon（炸彈風暴）」的綽號。

颱風式從實戰配置之初就存在著性能以外的問題。粗短的機首與直線性主翼渾為一體，被誤認成Fw190而遭己方戰鬥機或對空砲追擊，造成不容忽視的損害。採取的對策是在主翼下方畫上3白4黑的線條作為辨識標誌，卻未能發揮決定性的作用，據說在大陸上空仍會與美軍的P-47等混淆，被誤認成敵軍。■

超級馬林 海象式(1933)

Supermarine Walrus

2016年9月號（Vol.111）刊載

超級馬林海象式曾在第二次世界大戰中救助迫降在英吉利海峽上的英國空軍飛行員及無數盟軍飛行員，以古埃及鳥名為暱稱深受飛行員信賴，是一款航空海上救難水陸兩用雙翼單引擎飛行艇。

其原型機為海鷗式V，是作為英國艦隊的著彈觀測機並於1933年升空的雙翼3座單引擎偵察觀測飛行艇。這款海鷗式V將海鷗式I～IV一直以來的牽引式引擎改成推進式。此外，機身則將3名乘員外露的木製改為於密閉擋風罩內容納4名乘員的全金屬製，同時還強化了構造，成為可藉艦載機彈射器起飛的機體。這款海鷗式V的量產型遵循救難飛行艇2／35規範所打造出的機體便是海象式。搭載的引擎是值得信賴的775hp布里斯托・飛馬VI，於1935年首次飛行。此機的設計師是超級馬林公司的傳奇人物雷金納德・約瑟夫・米切爾。在超級馬林公司生產了267架後，轉由薩羅公司負責製造，以海象式II之名生產了453架。超級馬林公司製造的267架則稱為海象式I，與薩羅公司製造的機體做區分。

海象式也是世上第一款以艦載機彈射器起飛的水陸兩用飛行艇。海象式的主要任務是觀測彈著點，搭載於英國艦隊的戰艦或巡洋艦上，作為艦隊的眼睛廣泛活躍於世界各地。此外，從1941年起還配置至水上基地，作為救難機發揮了上述的表現。持續服役超過10年的海象式到了1944年已明顯變得老舊，循序漸進交接給後繼的超級馬林海獺式，即便如此，海象式直到第二次世界大戰後仍持續活躍於東印度洋艦隊與當時名為錫蘭的島上。■

Supermarine Walrus

◀英國最初參加史奈德盃時並無國家的援助，因此超級馬林公司是自掏腰包製造競速機。此機是以1921年米切爾與斯科特・佩因合作打造的海王II加以改造，搭載450hp奈匹獅型引擎製成的海獅II雙翼單引擎飛行艇。此機於1922年參加史奈德盃並擊敗勝券在握的義大利，贏得十分精彩。此機雖自稱為海獅，但全寬僅9.75m、全長7.54m，重量960kg，是一款小型機。

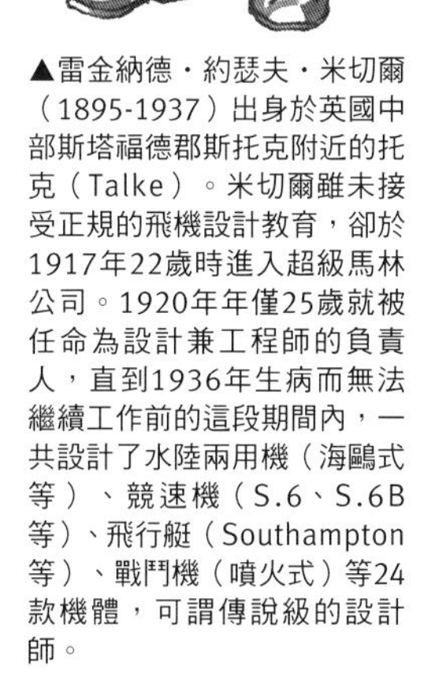

▲雷金納德・約瑟夫・米切爾（1895-1937）出身於英國中部斯塔福德郡斯托克附近的托克（Talke）。米切爾雖未接受正規的飛機設計教育，卻於1917年22歲時進入超級馬林公司。1920年年僅25歲就被任命為設計兼工程師的負責人，直到1936年生病而無法繼續工作前的這段期間內，一共設計了水陸兩用機（海鷗式等）、競速機（S.6、S.6B等）、飛行艇（Southampton等）、戰鬥機（噴火式）等24款機體，可謂傳說級的設計師。

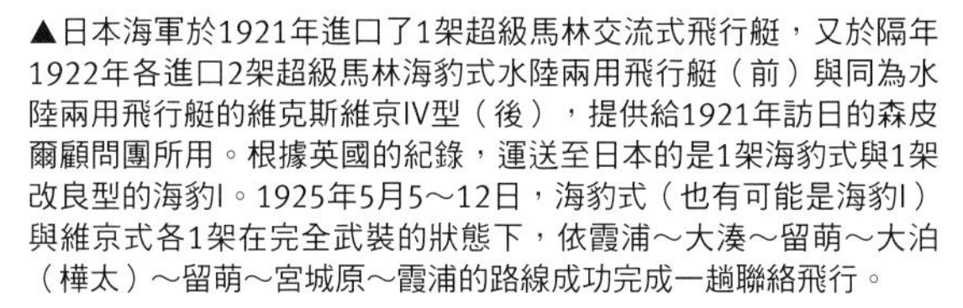

▲日本海軍於1921年進口了1架超級馬林交流式飛行艇，又於隔年1922年各進口2架超級馬林海豹式水陸兩用飛行艇（前）與同為水陸兩用飛行艇的維克斯維京IV型（後），提供給1921年訪日的森皮爾顧問團所用。根據英國的紀錄，運送至日本的是1架海豹式與1架改良型的海豹I。1925年5月5～12日，海豹式（也有可能是海豹I）與維京式各1架在完全武裝的狀態下，依霞浦～大湊～留萌～大泊（樺太）～留萌～宮城原～霞浦的路線成功完成一趟聯絡飛行。

▶這架超級馬林海獺式航空海上救難水陸兩用飛行艇是根據英國空軍的S.7/38規範開發而成，原型機於1939年首飛，作為海象式的後繼機，是以雙翼飛行艇歷史著稱的超級馬林公司的最後一款機體，也是英國空軍（RAF）的最後一款雙翼機。和海象式以前的海豹式一樣改成搭載牽引式引擎。發表S.7/38規範時，米切爾已經因病退出設計的第一線。

菲爾利 劍魚式(1934)

Fairey Swordfish

Armour Modelling1999年5月號附刊（Vol.07）刊載

劍魚式的原型機是菲爾利公司根據英國海軍S15、33規範研製而成的TSR2。TSR是魚雷、觀測與偵察的意思。機身採用鋼管焊接骨架，前方部位裝設金屬、後方部位披覆蒙皮，而主翼也是在鋼管骨架上披覆蒙皮，機體構造雖是採用正統式結構，但加入了在當時（1934年）實屬嶄新的前緣百葉片，力求提升低速性能。於1934年4月17日首次飛行。

劍魚式到了第二次世界大戰開戰時已是身經百戰，留下盟軍軍方擊沉艦船噸數最高的實績。在與德國海軍俾斯麥號戰艦的追擊戰中，劍魚式以2枚魚雷命中躲避的俾斯麥號，使其船舵卡死而造成重大損傷，攻擊後還全機返抵母艦，可謂大獲全勝。甚至有說法指出，由於劍魚式實在太過低速，反而導致德方射手無法順利瞄準。此機隨後又針對停靠在義大利塔蘭托軍港的義大利海軍艦艇發動夜間攻擊，立下重創3艘戰艦與2艘巡洋艦的碩碩戰果。此外，法國投降德國時，英國海軍與逃至非洲北岸與西岸法屬殖民地的法國海軍進行投降交涉破局，進而發動攻擊，劍魚式對敦克爾克戰艦與黎胥留號戰艦造成損傷。然而黎胥留號戰艦在那之後加入了自由法國軍隊，隸屬於英國艦隊，甚至還參加了對日作戰。

劍魚式的魚雷攻擊再怎麼厲害，到了1942年還是漸露頹敗之色。一般認為是時候將任務交接給後繼機了，卻又在1943年補強了主翼下翼並裝設火箭彈，經過一番改修後用以獵殺德國的U型潛艇。這一年還出現在主起落架之間裝設雷達的高科技機型MK.III，不但寶刀未老還老當益壯地持續活躍，劍魚式的最後一支實戰部隊直到歐洲戰線停戰後的1945年5月21日才遭解散。■

愛芙羅 蘭卡斯特(1941)

Avro Lancaster

2005年5月號（Vol.43）刊載

在第二次世界大戰中對英國的勝利貢獻良多的三大傑作機分別是噴火戰鬥機、蚊式轟炸機，還有這款愛芙羅・蘭卡斯特轟炸機。蘭卡斯特的前身是愛芙羅・曼徹斯特轟炸機。曼徹斯特轟炸機是根據1936年英國空軍省P.13/36規範開發而成的愛芙羅679中型轟炸機。此機是愛芙羅公司的第一款正統近代軍用機。擁有2000馬力級的雙引擎，炸彈最大搭載量約4.7噸且總重量超過22噸，是一款超級轟炸機。其性能遠遠凌駕在同期日本陸軍的KI-21-1（九七式重型轟炸機）之上。

曼徹斯特於第二次世界大戰揭開序幕約1個月前的1939年7月25日首次飛行。並以眾所期待的新星之姿於1941年2月24日首次出擊。曼徹斯特所使用的引擎是全新開發的勞斯萊斯・禿鷹。然而禿鷹是一款劣質的引擎，多數未歸還的飛機都是肇因於引擎故障。故而曼徹斯特對不思進取的禿鷹徹底死心，重整旗鼓製造新的主翼並搭載廣受好評的勞斯萊斯・梅林X，從雙引擎改為四引擎，以曼徹斯特III之姿重獲新生。此機完成後便改名為蘭卡斯特。

蘭卡斯特的首次飛行是在曼徹斯特參加實戰一個半月前的1941年1月9日。飛行測試相當成功，航空本部立即下令進行量產準備，勞斯萊斯公司則開始集中生產梅林引擎。生產原型機的2號機於該年5月13日升空。這個時間點曼徹斯特的生產計劃已經全數切換成蘭卡斯特，曼徹斯特化身為炸彈最大搭載量8.2噸、總重量29.5噸的大艦巨砲型的蘭卡斯特重新登場亮相。1942年3月3日執行的布雷作戰為其處女戰。自此往後蘭卡斯特的每一次出擊都逐步將德國產業導向毀滅之路。 ■

布魯斯特 B-239 水牛式(1937)

Brewster B-239 Buffalo

2008年7月號（Vol.62）刊載

水牛式於1930年代後半期登場，是美國海軍最早正式採用的單翼密閉座艙收放式起落架艦上戰鬥機。其母型為XF2A-1，與格魯曼XF4F-2、賽維爾斯基P-35的海軍型XFN-1共三款單翼收放式起落架飛機一起歷經三方角力的試製競標後才獲得正式採用。於1937年12月首次飛行。1938年6月11日接到54架量產型F2A-1的訂單，1938年8月配置至以菲力貓為吉祥物的第3戰鬥飛行隊（VF-3）。

然而這是F2A-1最後一次配置至空母的飛行隊，這是因為面對1939年11月底蘇聯軍入侵芬蘭一事，美國決定將原本要派給海軍的剩餘44架F2A-1全部以B-239之名提供給芬蘭。然而此機1940年4月才送抵芬蘭，已經趕不上那場冬季戰爭。出讓F2A-1的美國海軍為了填補空缺而向布魯斯特公司下訂43架F2A-1的性能優化型F2A-2。此外，以此機改成陸上機版本的出口型也接到來自丹麥、荷蘭與英國的訂單，1940年12月起開始交付英國的339E型（170架）被稱為水牛I，自此水牛便成了F2A的暱稱。

1941年6月25日蘇聯空軍再次發動芬蘭轟炸而開啟了第二次蘇芬戰爭，交付芬蘭的B-239在機身上加了藍色十字鉤的國籍標誌，迎擊蘇聯機時將其能力發揮得淋漓盡致，在空戰中立下多達477架（也有一說是440架）的戰果。其中又以第24戰隊的漢斯．溫德中尉為最，單憑此機便擊落了38.5架，有「水牛式名人」之稱，是保有75架擊墜紀錄的芬蘭第二王牌。無疑是世界第一的水牛式王牌飛行員。直到1944年變更機種為Bf109G為止，中尉都駕駛著前方與左右機身都繪有野貓——不是菲力貓而是第24戰隊徽章上的黑色山貓——的愛機水牛式持續奮戰。■

梅塞施密特 Bf109G 梅施(1944)

Messerschmitt Bf109G Mersu

2011年5月號（Vol.79）刊載

1939年末，國境與北歐小國芬蘭接壤的大國蘇聯要求芬蘭割讓領土遭拒，因而單方面毀棄兩國間締結的互不侵犯條約，武裝入侵芬蘭，此即冬季戰爭之始。蘇聯在此戰中佔領了1／8的芬蘭國土。然而1941年6月又再次因蘇聯進犯導致休戰協定破局，在這場持續至1944年9月的第二次蘇芬戰爭中，芬蘭空軍英勇奮戰，陸續出現擊落94架的伊爾馬里・尤蒂萊寧準尉等多名王牌。

創下卓越功勳的這些王牌所駕駛的座機便是「梅施（Mersu）」。梅施是梅塞施密特Bf109G古斯塔夫系列在芬蘭空軍中的稱呼。1943年3～11月芬蘭自德國購買了35架拆除了高空戰鬥機Bf109G-1之增壓座艙的G-2，隨後又從1944年1月開始至8月期間購入126架產量最多的武裝強化型G-6，描繪藍色十字鉤的國籍標誌即成為「梅施」。

與蘇聯交戰而無法生產第一線飛機的芬蘭空軍十分珍惜這些機體，連一般都會廢棄處理的迫降機都經過修理重生後再送至前線。芬蘭空軍中擊落35.5架而名列第8的王牌尼爾斯・卡塔雅南上士希望在出擊或測試飛行中發生火災、引擎故障或是在戰鬥中中彈的機體都能重獲新生，因此都會帶回基地，然而在1944年7月7日的戰鬥中遭地面砲火擊中的機體在返回基地時，以時速500km迫降在基地上。機體四分五裂而上士身負致命重傷，住院2個月後保住一命，歸隊時與蘇聯的戰爭已經落幕。卡塔雅南是最後一名獲頒芬蘭最高卓越功勳動章曼納海姆十字動章的授勳者，據說戰後經營過公司，後來直到1982年退休之前都在赫爾辛基市的法務課擔任資產查封人員。■

莫拉納·索尼埃 M.S.406(1935)

Morane-Saulnier M.S.406

2013年7月號（Vol.92）刊載

1939年冬天，蘇聯對北歐聖誕老人的母國芬蘭單方面毀棄互不侵犯條約。於1939年11月30日從8處越境入侵芬蘭，蘇聯轟炸機轟炸了赫爾辛基及其他都市。此為持續至1940年3月13日的冬季戰爭之始。國際聯盟針對該暴行於12月14日將蘇聯除名，然而蘇聯對此「絲毫不以為意」，因此根本無助於改變現況。

開戰時芬蘭空軍所擁有的戰鬥機為15架布里斯托·鬥牛犬雙翼機與41架單翼固定式起落架的福克D21戰鬥機。向法國下訂的近代式單翼收放式起落架戰鬥機莫拉納·索尼埃MS406則是於開戰隔年1940年2月送達。MS406暱稱為「莫蘭」，配置至飛行第28戰隊，並於2月17日在芬蘭灣西南方上空擊落1架DB-3轟炸機，初次立下戰功。共有30架莫蘭趕上冬季戰爭，序號為MS-301～MS-330。

抗蘇戰爭的第二回合「繼續戰爭」始於1941年6月25日，烏魯赫·雷希德伐拉一等中士在這場戰爭中成了莫蘭的頭號王牌。直到1940年10月4日共有57架莫蘭送抵芬蘭，序號為MS-601～MS-657。基於「敵人的敵人即朋友」的道理，芬蘭收到來自德國的禮物，其中還含括部分從法國繳獲的機體，以及強化機翼並裝配4挺7.5mm彈鏈供彈式機槍的MS610在內。

此外，來自德國的第二批禮物於1943年初送達：自蘇聯軍擄獲的200具克里莫夫M105引擎。芬蘭以此來改裝莫蘭的引擎，讓41架以「幽靈（Mörkö） 莫蘭」之姿重獲新生。幽靈·莫蘭從1944年6月開始配置至部隊。正所謂「有仇不報非君子」，這次總算趕上與蘇聯的決戰。 ■

Morane-Saulnier M.S.406

◀烏魯赫・雷希德伐拉一等中士於冬季戰爭之際作為下士配屬至飛行第28戰隊第2中隊，以MS406戰鬥機MS-326號寫下最初的擊墜紀錄。於繼續戰爭中駕駛MS-327號機等，留下含DB-3轟炸機與MiG-3戰鬥機在內共14架的擊墜紀錄，可謂莫蘭的頭號王牌。有「小巨人」之稱的雷希德伐拉後來又以Bf109G擊落29.5架，成為芬蘭空軍中排名第4的王牌，亦為曼納海姆十字勳章的授勳者。

▼莫拉納・索尼埃MS406戰鬥機從1939年起以D3800之名在瑞士授權生產了82架，成為瑞士空軍的主力戰鬥機，持續服役直到1954年。

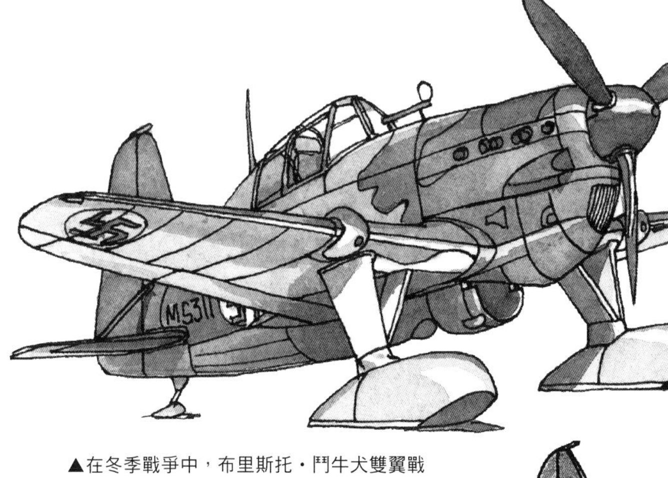

▼「幽靈（Mörkö） 莫蘭」中含括以MS406與MS410改造而成的機型，主翼的武裝有4挺7.5mm彈倉式機槍的裝備機。此改造型將最大速度從486km/h提升至525km/h等，搖身一變成了可與LaGG3等蘇聯機抗衡的機體。雷希德伐拉的15架紀錄中有1架就是以此機立下的戰果。「幽靈・莫蘭」的序號從MS-改為MSv-。

▲在冬季戰爭中，布里斯托・鬥牛犬雙翼戰鬥機與福克D.21戰鬥機都有裝設滑橇並且表現不俗，MS406戰鬥機也依此前例於MS-311號機上裝設滑橇裝置來進行測試，但未能實用化。

伊留申 Il-2m3 暴風雪式(1939)

Ilyushin Il-2m3 Sturmovik

2002年11月號（Vol.28）刊載

這種專門襲擊地面部隊的機種是蘇聯的發明。此機種在俄語中稱為sturmovik，意即「引暴風雨來襲者」，也就是所謂的「召喚風暴的男人」。

暴風雪式最重視的是重武裝與重裝甲，但若以既有機體來改造就無法避免重量超標導致馬力不足的問題，因此必須轉換發想點。謝爾蓋・伊留申的想法是以防彈板本身作為構造材料。引擎、飛行員與油箱全部集中於防彈鋼板箱中，而主翼與後方機身則直接接合於該箱體上，如此便不需要前方機身的構造材料，即可減輕重量。

根據此發想所開發出來的便是單引擎雙座重裝甲襲擊機TsKB-55（DBS-2），亦即後來的Il-2。防彈鋼板的厚度為7mm，比美國陸軍M3半履帶車的裝甲板還要厚。然而完成的TsKB-55重量過重，因此又修改了暴風雪式各部位的設計，開發出以後座為油箱的單座型TsKB-57。掩護飛行員背後的槍手改成了12mm的裝甲板。其厚度等同於日本陸軍九五式輕戰車的砲塔裝甲。

TsKB-57在德蘇開戰前即已配置至部隊。此機是在獲頒史達林獎那年的1941年4月改名為伊留申Il-2。據說史達林在該年年底親自打電報到生產工廠督促生產。從1942年起展開Il-2m的生產。因應飛行員後方武裝之需求而恢復了後座、裝配12.7mm機槍，並換裝可獲得最大輸出功率、高度為750m的超低空專用引擎。受到史達林激勵的結果，該機的生產數攀升至3萬6163架，是第二次世界大戰中製造最多的機體，數量相當於蘇聯製機體的1/3。伊留申Il-2利用其強大的前方武裝機關砲彈、RS-82火箭彈與炸彈來擊破面前的虎I戰車，並以後座的機槍來追擊驅逐福克-沃爾夫戰機 。■

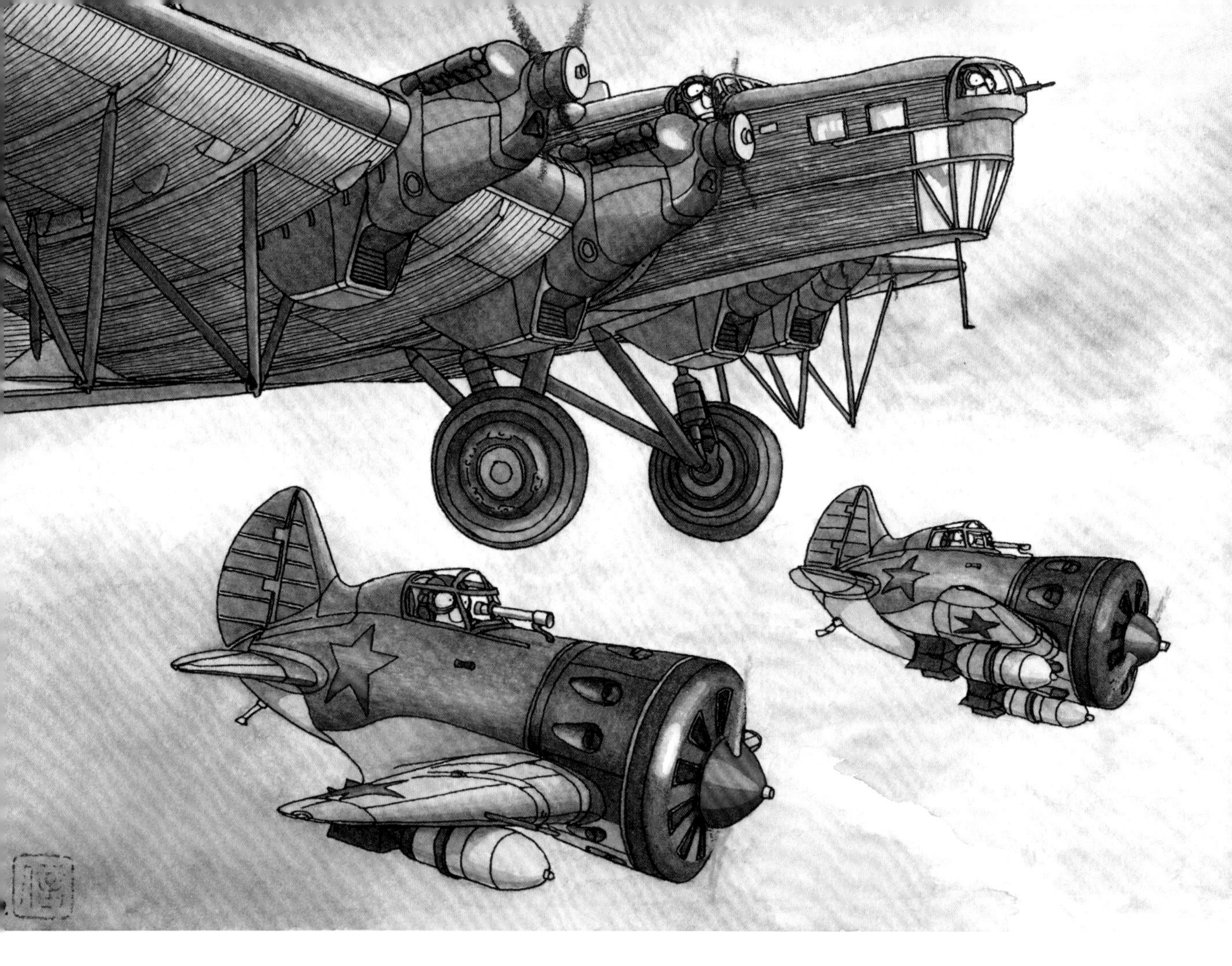

圖波列夫 TB-3/4AM-34RN/Z-7(1930)

Tupolev TB-3/4AM-34RN/Z-7

2004年3月號（Vol.36）刊載

於1930年12月22日首飛成功的圖波列夫ANT-6量產型機又名為圖波列夫TB-3全金屬製四引擎單翼轟炸機。ANT是取自其設計師安德烈・尼古拉耶維奇・圖波列夫（Andrei Nikolaevich Tupolev）的首字母，圖波列夫設計局的機體直到進入第二次世界大戰後才稱為Tu。

TB-3是裝設容克斯式的杜拉鋁波紋板，其翼型厚實，可於飛行中通過主翼內直接檢修引擎。出現當時被認為是世上最大的全金屬製陸上軍用機，初期生產型的大小是全寬39.5m、全長24.4m。最終生產型則是搭載附增壓器的M-34RN（970hp）引擎，全寬41.85m、全長25.1m，稍微加大了設計。長程作戰時搭載2噸的炸彈，短程則最大搭載量可達5噸，毫無疑問是一款戰略轟炸機。在1937年結束生產之前的和平時期，含運輸機型與民航機規格在內就製造了多達818架，其存在對周邊諸國而言形同威脅。

另外還有一項計畫增強了TB-3的威脅性，那就是瓦科米斯托夫的Z（結合之意）計畫：於大型機上結合小型高速機一同升空，即母子機計畫。於1931年開啟的Z系列到了1934年將母機改為TB-3持續開發，主翼上下方各1架、機身下方1架，於空中結合，最多可搭載5架。1940年以6架最終型Z-7型的TB-3/4AM-34RN改造母機搭配12架SPD高速俯衝轟炸機（以搭載2枚250kg炸彈的玻利卡爾波夫I-16戰鬥機改造而成）編成實戰部隊，配置至黑海沿岸。

據說該部隊於1941年夏天以位於羅馬尼亞多瑙河上的切爾納沃德鐵道橋為目標派出3組出擊，成功破壞了橋並全機安全返回蘇聯領地內的基地。此為世上首次將母子機運用於實戰。該部隊後來好像移至克里米亞基地繼續作戰，但戰果不明。■

阿維亞 B-534-IV(1938)

Avia B-534-Ⅳ

2007年11月號（Vol.58）刊載

阿維亞B-534-IV是捷克斯洛伐克的阿維亞公司（斯柯達公司的子公司）於大戰期間開發並實用化的雙翼戰鬥機，製作了566架，是該國產量最多的機種。捷克斯洛伐克約從1920年代初開始研發並生產國產軍用機，連戰車、裝甲車與火器都在國內開發，是擁有高度工業力的國家。阿維亞公司的BH-17、BH-21與B-33戰鬥機獲得捷克斯洛伐克的戰鬥機隊採用，但由弗蘭奇謝克・諾伯特尼所設計並於1932年夏天完成的B-34卻是失敗之作。更換數次引擎並變更主翼、尾翼與機身的設計等，最終打造出的成品即為B-34/2。後來甚至連引擎都以希斯巴諾蘇莎引擎12Ydrs代替，名稱也改為B-534/1，成功脫胎換骨。

這款B-534的1號原型機於1933年8月首飛。2號原型機則是密閉駕駛座，起落架改為附遮罩，於1934年4月18日以365.7km/h締造捷克斯洛伐克國內的速度紀錄。最初的生產型B-534-I製造了46架，隨後的B-534-II生產量則是100架。B-534-III產量為46架，但分別出口6架、14架至希臘與南斯拉夫。B-534系列中製作最多的是253架IV型——改為滑動式擋風罩、最大速度為394km/h，武裝則是前方機身側面各2挺7.7mm機槍與翼下炸彈架上最大20kg的6枚炸彈。

1938年9月面臨慕尼黑危機，緊接著隔年3月又遭德國占領，捷克斯洛伐克空軍的B-534部隊在德軍指揮下，有3支飛行中隊非自願性地進攻烏克蘭，不過該部隊的戰果不明……。1943年8月1日B-24解放者轟炸羅馬尼亞普洛耶什蒂油田之際，據說保加利亞購入的60架B-534-IV戰鬥機追擊了踏上歸途的解放者，不過戰果也不明。然而此戰成了B-534最大的一場戰役。■

下田先生是絕對嚴守截稿期的人

這些是下田先生2年來在SWEET繪製的6款模型盒繪。全是1/144比例的模型。由上往下分別是九六艦戰第一女教員號（杉田先生最中意的盒繪）、九六艦戰赤城戰鬥機隊、九六艦戰蒼龍戰鬥機隊1938-1939、零戰21型台南航空隊、「SWEET DECAL No.39海王海上自衛隊」（這款是含零件與轉印貼紙的特別模型組），以及「SWEET DECAL No.38九六艦戰第12航空隊（3-107）坂井三郎座機」（這款是只有轉印貼紙的商品）。

敝司有幸請下田信夫先生負責繪製模型盒繪長達兩年，而我和下田先生的相遇是始於《航空迷》、《航空情報》與《航空Journalist》這類航空專門雜誌的封面。我的年少時期正值大家開始著迷於《少年》、《少年Sunday》與《少年雜誌》上所刊載的戰爭故事的世代。年紀稍長後，我便開始廣泛涉獵前述的那些航空專門雜誌。

那些雜誌上每期都會刊載下田先生繪製的飛機插畫。此外，如果是增刊號，插畫量就會增加，還記得我當時都期待不已，真是令人懷念。1990年代創刊的《Aero graphics》雜誌中開設了『THE BATTLE OF BRITAIN』與『Nob.先生的荻窪航空博物館』專欄，裡頭所刊載的下田先生的彩色插畫也總是令我期待萬分。仔細想來這數十年來我早已成為下田先生的粉絲，雖然有點自賣自誇，不過我可是很資深的呢……。然而長期以來我都不曾直接見過下田先生，而是透過雜誌封面就擅自覺得是「熟人」。我本身在經營飛機模型製造這種買賣，卻苦無親見本人的機會。

轉機於2015年上門，那是發生在靜岡模型聯合展上的事。我在這個每年都會展出無數模型的活動上偶然遇見下田先生。我當場向他提議是否能為敝司繪製當時正在開發的塑膠模型「九六式艦上戰鬥機」的盒繪。其實以前下田先生曾在雜誌裡一篇「喜歡的飛機BEST10」的插畫報導裡把九六式艦戰排在第3名，那張美麗的插圖25年來都一直令我難忘。

我抱著姑且一試的心情提出請求，儘管我們是初次見面，下田先生仍欣然允諾，而插畫終於完成時，我更是感動得無以復加。我自身的喜悅應該勝過任何人吧。我可以比世上任何人還早一步欣賞下田先生以水彩柔和的色彩與溫暖的筆觸繪成的美麗原圖！沒有比這個更令人興奮的事了。後來我漸漸萌生「希望能看到更多的插畫！」這種慾望，結果2年間麻煩下田先生畫了6件作品。

我開始向下田先生委託工作後，特別佩服的是他在這2年間總是嚴守交期，從未遲交過。我請他繪製作為九六艦戰變化版模組來發售的「赤城戰鬥機隊」的盒繪時，他在電話上笑著說：「我畫不出自己想像中的線稿，還重畫了6次呢。」儘管如此，他仍確實如期交件。

和下田先生共事的過程中，還有一點讓我深感欽佩，那就是連細瑣的考證都毫不馬虎。我曾委託他繪製敝司的海王海上自衛隊（南極觀測60週年）的包裝，聽說那次他還跑到立川的極地觀測博物館去取材，在館內將觀測隊員的服裝、防寒靴的顏色，甚至是企鵝都調查一番後，才著手完成插畫。此外，在「96戰艦第一女教員號」這張插畫中，下田先生還先調查寶塚音樂學校學生的黑紋袴式和服後，才華麗地描繪出成為特別亮點的女教員服裝。結果這張「女教員號」成了我最喜歡的作品。

把下田先生到目前為止為《SCALE AVIATION》雜誌增添色彩的插畫集結成冊，撇除工作不談，對我這個下田先生的粉絲而言也是天大的喜事。這是因為下田先生過去刊載在航空雜誌等的作品以單色線條居多，彩色插畫實在不多。在《SCALE AVIATION》的作品則以色彩鮮明的水彩畫為主，所以真的很令人開心。還能進一步從插畫所附的機體解說中感受到下田先生對飛機的熱愛之情。這般圖文並茂、兼具視覺與文字的雙重享受，想必一定能成為一本魅力無限的畫冊。

杉田悟

●1948年出生。福岡縣出身。在岐阜縣大垣市長大。為模型製造商SWEET的老闆。高中畢業後即進入田宮模型株式會社任職。上班33年後於2000年創業開設SWEET公司，專門製造1/144比例的飛機塑膠模型並經營至今。50年來密切參與模型業界，持續製作放諸世界標準也有很高水準的模型。

後記

對我而言下田先生待在身邊是「理所當然」的事情

佐竹政夫先生（照片左）與下田信夫先生（照片右）。第26屆Modelers Club聯合作品展與2015年第54屆靜岡模型展同時舉辦，兩人在所屬的「松戶迷才會」攤位前合影。

95頁的插畫是下田先生為了本書收錄而繪製的韋斯特蘭飛龍。這張插畫結合了英國的艦上戰鬥機飛龍與英國架空的怪物「飛龍」，以意思不同卻擁有相同名稱之物作為主題，也是下田先生擅長的題材之一。

我和下田先生已經往來超過20年了。我們會在許多場合碰面，比如靜岡模型展、航空新聞工作者協會的聚會、松戶迷才會（※註釋1）的酒會等等，下田先生總是在我身邊笑容滿面，或許是因為這樣，旁人都認為我們感情非常好。

但其實我們不曾單獨喝過酒，所以我不認為我們的感情「格外」深厚。當然不是說我們感情很差，而是維持一種彼此相處起來沒負擔的關係，這種距離感對下田先生與我而言再理所當然不過了。當然我不是要以此為由，不過我們彼此不太會談及工作的事。雖然不至於視為禁忌這麼小題大作，但是身為繪圖同業，很自然的不會聊到這個話題。不過我很尊敬下田先生的工作，想來他也是如此看待我的。我們隱約都從整體的相處氛圍中對彼此有了這個層面的了解。

說到對彼此帶有敬意這一點，其實我們以前曾經互換畫作。因為我真的超愛下田先生的插畫，所以是我主動拜託下田先生來交換畫作。這種事如果不是彼此尊敬是辦不到的喔。繪畫同業不透過語言而是藉著自己賴以維生的繪畫述說對對方的想法，大概就是這種感覺吧。

我們反而擁有很多工作以外的回憶。若要說和工作無關的事，我和下田先生加入的松戶迷才會的各種活動事宜本身就和工作沒太大關係。下田先生入會已經是好幾十年前的事了。我想應該是某天自然而然就這樣入會了，當然他原本就是航空新聞工作者協會的會員，所以大概是從那邊連結過來的吧。下田先生本身不會製作模型，但是松戶迷才會主辦的展覽或酒會他經常會到場。

正如我前面所述，下田先生總是面帶笑容，是個很溫柔的人，但其實他也有相當頑固的一面。松戶迷才會舉辦酒會時，如果他很中意那家店，他就會說「下次也在這裡辦吧！」之類的話。他對這方面相當執著，這點就和我完全不像。比方說，下田先生有偏好的日本酒，只要他認定了「這款」，那麼在家就只會喝那款日本酒。他還會訂購，或是特地跑一趟酒莊。其他調味料之類的品項也都是如此。不過他比較會跟我妻子交換這類的資訊，好像還會背著我互相交換美味佳餚（笑）。

我覺得他並非愛好華美的奢侈品，而是深諳「品質佳或真材實料的好物」。連挑選酒類或點心的品味都很難想像他居然和我同齡。靜岡模型展的那天晚上，松戶迷才會的成員都會自己帶酒和下酒菜到住宿設施的房間裡聚會。大家都是在超市買半價的壽司或家常菜之類的，下田先生帶來的卻是有點精緻的奶油起司與薄脆餅乾，這方面的品味真是無人能及。早在巧克力蛋糕流行很久以前，他就曾送我裝在飯鍋裡的德製巧克力蛋糕。從這些地方也隱約可見他不俗的品味。我實在應該向他看齊呢。

如此回想起來，還真的都只留下「酒」和「食物」的回憶耶（笑）。但這也讓我更深刻發覺我們沒聊到什麼工作的事呢。下田先生直到最後一刻都還握著畫筆。不過呢，如果能在最後對他說一句話，我想說：「真希望我們倆可以單獨悠悠哉哉喝一次酒呀。」

佐竹政夫

●1949年出生。千葉縣出身。航空新聞工作者協會理事。松戶迷才會成員。高中畢業後即以插畫家身分展開活動。也有經手設計日本國內外主要塑膠模型的盒繪、《世界的傑作機》（文林堂）與《世界的失敗機》（大日本繪畫）的封面。和妻子ふじえ女士鶼鰈情深的模樣也很有名。

※註釋1：松戶迷才會是佐竹先生與下田先生加入的模型研究社，以飛機模型為主題，是歷史悠久的社團。如其名所示，是以松戶為中心舉辦聚會。「迷才會」是令人著「迷」的「才」能之意。

192
182
Nob.

飛機縮尺插畫圖鑑

活塞式引擎篇

【日文版工作人員】
編輯　SCALE AVIATION 編輯部
設計　海老原剛志

2019年10月1日初版第一刷發行
2022年 5 月1日初版第二刷發行

作　　者　下田信夫
譯　　者　童小芳
責任編輯　吳元晴
發 行 人　南部裕
發 行 所　台灣東販股份有限公司
＜地址＞台北市南京東路4段130號2F-1
＜電話＞(02)2577-8878
＜傳真＞(02)2577-8896
＜網址＞http://www.tohan.com.tw
郵撥帳號　1405049-4
法律顧問　蕭雄淋律師
總 經 銷　聯合發行股份有限公司
＜電話＞(02)2917-8022

購買本書者，如遇缺頁或裝訂錯誤，
請寄回更換（海外地區除外）。
Printed in Taiwan.

國家圖書館出版品預行編目資料

飛機縮尺插畫圖鑑．活塞式引擎篇 / 下田信夫著；童小芳譯．-- 初版．-- 臺北市：臺灣東販，2019.10
96面；21×25.7公分
ISBN 978-986-511-132-8(平裝)

1. 軍機

598.6　　108014603

1970年在某個航空節與京子夫人合影的下田信夫先生。這是一張寶貴的照片，可窺見30幾歲的他體態良好，而且從那時就很時尚。